Lehrkurs für
Radio-Amateure

Leichtverständliche Darstellung der drahtlosen
Telegraphie und Telephonie unter besonderer
Berücksichtigung der Röhren-Empfänger

von

H. C. Riepka

Mitglied des Hauptprüfungsausschusses des
Deutschen Radio-Clubs e. V., Berlin

Mit 151 Textabbildungen

Berlin
Verlag von Julius Springer
1925

Alle Rechte, insbesondere das der Übersetzung
in fremde Sprachen, vorbehalten.
Softcover reprint of the hardcover 1st edition 1925

ISBN-13:978-3-642-47271-8   e-ISBN-13:978-3-642-47684-6
DOI: 10.1007/978-3-642-47684-6

Vorwort.

Das Rundfunkwesen in Deutschland kann jetzt auf ein fast zweijähriges Bestehen zurückblicken, und es ist beinahe schon trivial, auf die Bedeutung dieses geistigen Verkehrsmittels näher einzugehen. Ist es doch durch die Propaganda seitens der Postbehörde, der Presse und insbesondere seitens der Radioklubs mit überraschender Schnelligkeit in die weitesten Kreise des Volkes eingedrungen, bekannt, beliebt und fast unentbehrlich geworden.

Ein jeder weiß aus eigener Erfahrung, welche Vorteile der Besitz eines Rundfunkempfängers gewährt; er ersetzt bis zu einem gewissen Grade den Besuch von Konzertsaal, Theater und Oper, er bringt die neuesten Tagesnachrichten und genaue Zeitangaben. Die Hausfrau und der Geschäftsmann werden über die Tagespreise auf dem Laufenden gehalten, und auch Polizei und der Staat wissen sich dieses fast universalen Nachrichtenmittels mit Erfolg zu bedienen.

Der Rundfunk ist aber nicht nur ein elegantes geistiges Verkehrsmittel, sondern er wirkt auch durch seine Fernwirkung stamm- und völkerverbindend. Fremde Sitten und Gebräuche werden dem Hörer nahegebracht, fremde Sprachen und fremde Charaktere lernt er kennen. Die Bedeutung des Rundfunkwesens liegt aber des weiteren zu einem sehr großen Teil darin, daß durch die Errichtung der zahllosen Rundfunksender das Radioamateurwesen auf die Beine gebracht worden ist. Die Radioamateure betreiben die Radiokunst aus Wissensdurst, aus dem Drange nach naturwissenschaftlicher Erkenntnis und aus Bastelsinn im Gegensatz zum Rundfunkteilnehmer als Selbstzweck, sie wollen mit Hilfe der einfachen und doch so exakten Geräte der Funkerei in die Erscheinungswelt des Funkwesens und im allgemeinen in die Wunder der Naturwissenschaft eindringen.

Als jüngste Disziplin der Technik verlangt aber die Wissenschaft der drahtlosen Fernmeldung ein umfassendes Vorwissen, wenn man auch nur in großen Zügen ihr Wesen verstehen will.

Viele Zweige der Physik und der Chemie müssen dem ernsthaften Schüler der Radiotechnik vertraut sein. Diese Vorkenntnisse soll das vorliegende Büchlein in gedrängter Form vermitteln, um dann einen Abriß der Radiotechnik überhaupt zu geben. Da ein unerfahrener Radioamateur mit unvorsichtigen Versuchen durch empfindliche Störungen seiner Nachbarn beim Empfang fast ebensoviel Unheil anrichten kann, wie ein ungeübter Motorradfahrer auf einem zehnpferdigen Motorrad, so ist auch für den Radioamateur von seiten des Reichspostministeriums ein Nachweis der Fachkenntnisse in Gestalt einer Prüfung bei dem zuständigen Radioklub vorgeschrieben; so ist dies Büchlein als Zusammenstellung des Materials eines Unterrichtskurses für Prüfungskandidaten zur Audionversuchserlaubnis entstanden.

Der in diesem Buche gegebene Lehrkurs umfaßt die Wissensgebiete, die inoffiziell vom Telegraphentechnischen Reichsamt und als Vorschlag vom Deutschen Funkkartell als für die Audionversuchserlaubnis notwendig veröffentlicht worden sind. Da in absehbarer Zeit mit der Schaffung einer Zwischenlizenz nach dem Vorschlag Dr. Gehne für die Funkfreunde, die nur mit einem selbstgebauten Apparat arbeiten und keine selbständigen Versuche machen wollen, zu rechnen ist, ist der Stoff dieses Bändchens mit Rücksicht hierauf schon unterteilt.

Das Buch ist geschrieben für den Laien, der sich auf diesem Wege die Vorkenntnisse für die Audionversuchserlaubnis erwerben will, und als Handbuch für die Unterrichtskurse in den Radioklubs. Für die Unterstützung bei der Herstellung dieses Buches bin ich der Geschäftsstelle der Ortsgruppe Charlottenburg des Deutschen Radioklubs e. V., Berlin, und dem Verlage von Julius Springer zu besonderem Danke verpflichtet.

Charlottenburg, im März 1925.

Der Verfasser.

Inhaltsverzeichnis.

Seite

I. Die Audionversuchserlaubnis (AVE.) 1
Die gesetzlichen Bestimmungen — Die anerkannten Funkvereine — Die Prüfungsbedingungen.

II. Die physikalischen Grundlagen der Radiotechnik.

1. Materie, Elektrizität, Äther 4
Die Elemente, Atome, Moleküle — Das Atommodell — Die gebundenen, freien und halbgebundenen Elektronen — Die Leiter, Halbleiter, Isolatoren — Die Bedeutung der Äthers.

2. Der elektrische Strom, der Ohmsche Widerstand. . . . 8
Das Elementarquantum, die Elektrizitätsmenge — Kapazität, Potential, Spannung — Stromstärke, Widerstand, ihre Einheiten — Das Ohmsche Gesetz — Die Reihen- und Nebenschaltung — Gleichstrom, Wechselstrom, Wellenstrom — Die graphische Darstellung, Kennlinien — Schallschwingungen, das Mikrophon — Das Joulesche Gesetz, Hitzdrahtinstrumente — Die elektrische Arbeit und Leistung.

3. Das elektrische Feld, der Kondensator 21
Der Feldbegriff, Niveaulinien, Feldlinien — Die Funktion — Die Kondensatorwirkung — Die Einheit der Kapazität — Das Dielektrikum — Kapazitätsformeln — Blockkondensatoren, der scheinbare Widerstand.

4. Das magnetische Feld, die Induktionsspule 29
Das magnetische Feld — Die Magnetinduktion — Das Telephon, der Transformator — Die Kopplung, das Potentiometer — Die magnetischen Verluste — Die Selbstinduktion — Der induktive Widerstand — Die Änderung von Kopplung und Selbstinduktion.

5. Die mechanische und chemische Erzeugung von Strömen 43
Die Energieumformung, die Dynamo — Die Regel der rechten Hand — Die Schwingungszahlen elektromagnetischer Vorgänge — Die Gleichstrommaschine — Die magnetischen Meßinstrumente — Die Elektrolyse — Primär- und Sekundärelemente.

III. Die Elemente der drahtlosen Fernmeldetechnik.

6. Die Schwingungslehre 52
Potentielle und kinetische Energie — Die gedämpfte und die ungedämpfte Schwingung — Schwingungsdauer und Frequenz — Die Kopplung, Stoßerregung — Resonanz, Phase, Strahlung, Wellen-

Inhaltsverzeichnis.

länge — Die Fortpflanzungsgeschwindigkeit elektrischer Erscheinungen.

7. **Das erweiterte Ohmsche Gesetz, der elektrische Schwingungskreis** 61
Das erweiterte Ohmsche Gesetz — Die elektrische Resonanz — Der elektrische Schwingungskreis — Eigenschwingung und Wellenlänge.

8. **Die Strahlung, die Antenne** 66
Lange Kraftlinienwege — Strahlungsdämpfung, Streuung — Offner und geschlossener Schwingungskreis — Die Kraftlinienablösung von der Antenne — Hoch- und Rahmenantenne — Gegengewicht und Erdung — Die Eigenschwingung von Antennen — Die Leitsätze für Hochantennen (V. D. E.).

9. **Das Senden** 77
Die Erzeugung der Hochfrequenz — Die Funkenentladung — Der Löschfunkensender— Die Hochfrequenzmaschinen—Die Frequenzwandler —Taktfunken nach Marconi — Die Hochfrequenzmaschine von Schmidt — Der Poulsengenerator.

10. **Das Empfangen** 84
Die Energieübertragung — Die Feldstärke des Senderfeldes — Kurzlangschaltung — Der Detektoremfpang — Detektorkombinationen — Tonfunken — Die Modulation — Resonanzkurve und Abstimmschärfe — Primär- und Sekundärschaltungen.

11. **Die Elemente der Elektronenröhren** 99
Funkenentladung und Lichtbogen — Photoeffekt und Stoßionisation —Die Wärmebewegung, Elektronenemission—Das Richardsonsche Gesetz, Sparröhren — Der Raumladungseffekt — Glühkathode und Anode — Der Glühlampendetektor und der Gleichrichter.

12. **Die Röhre als Verstärker.** 105
Das Steuerprinzip — Die dritte Elektrode, verlustfreie Steuerung — Die Kennlinie, der Gitterstrom — Verspiegelte Röhren — Der Durchgriff, innerer Widerstand — Röhrengitterwiderstand — Die Verstärkung, die Verzerrung — Die Steilheit der Kennlinie — Kaskadenverstärkung — Die innere Röhrengleichung — Nf. und Hf.-Verstärkung — Transformatorenverstärker — Widerstandsverstärker — Strom- und Spannungsresonanz — Sperrkreisverstärker — Hf.-Transformatoren.

13. **Die Röhre als Detektor und Audion.** 119
Die Gleichrichtung mit der Gitterröhre — Der Röhrendetektor — Das blockierte Gitter — Der Ableitungswiderstand — Das Audion.

14. **Die Röhre als Sender und Überlagerer.** 125
Mechanische Rückkopplung — Die Rückkopplung beim Röhrensender — Die Energieaufschaukelung — Negativer Widerstand

Inhaltsverzeichnis. VII

                      Seite

und Dämpfungsreduktion — Die Empfindlichkeitssteigerung — Das Schwingaudion — Die Interferenz — Die Störungen durch falsche Rückkopplung.

15. Die Verteilung der Wellenlängen 133
Die deutschen Funkdienste — Die Wellenlängen der Rundfunksender.

Tabellen 137
Das griechische Alphabet — Dielektrizitätskonstanten — Ohmsche Widerstände — Die Morsezeichen — Umrechnungstabellen — Sigeltabelle.

Sachverzeichnis 149

Die Abbildungen:

17, 18, 19, 20 sind dem Aufsatz: Der Frequenzbereich von Sprache und Musik von K. W. Wagner (E. T. Z. April 1924),

23, 24, 26, 35, 36, 38, 65 dem Werk: Grundlagen der Elektrotechnik von G. Benischke, 5. Aufl. (Verlag Julius Springer),

43 dem Aufsatz Fernitz (Radio-Amateur 1924, S. 261),

44 dem Werk: Radiotelegraphisches Praktikum von Rein-Wirtz (Verlag Julius Springer)

entnommen.

I. Die Audionversuchserlaubnis (AVE.).

Die drahtlose Telegraphie gibt die Möglichkeit, zwischen zwei oder mehreren Punkten Zeichen zu übermitteln ohne materielle Leiter zu benutzen. Sieht man von speziellen Richtsendern ab, so besitzt dieses Nachrichtenmittel eine Rundwirkung, ein jeder kann mit der geeigneten Empfangsapparatur die Zeichen der Sender aufnehmen. Die Funkentelegraphie gibt also keine Geheimwirkung, wenn nicht besondere Chiffriermethoden vorgesehen sind. Da die Apparate, die die moderne Technik für den Empfang jetzt benutzt, äußerst empfindlich sind, können durch einen absichtlich oder unbewußt falsch bedienten anderen Empfangsapparat eine große Anzahl von Empfängern der Umgebung gestört werden. Um bei diesen Verhältnissen das Postmonopol zu schützen und einen ungestörten Telegraphie- und Telephonieverkehr aufrechterhalten zu können, ist im Deutschen Reich der Betrieb einer Funkanlage nur mit Erlaubnis der Reichstelegraphenverwaltung statthaft:

§ 1 der Verordnung zum Schutze des Funkverkehrs vom 8. III. 1924:
Sendeeinrichtungen und Empfangseinrichtungen jeder Art, die geeignet sind, Nachrichten, Zeichen, Bilder oder Töne auf elektrischem Wege ohne Verbindungsleitungen oder mit elektrischen, an einem Leiter geführten Schwingungen zu übermitteln oder zu empfangen (Funkanlagen), dürfen, soweit es sich nicht um Einrichtungen der Reichswehr handelt, nur mit Genehmigung der Reichstelegraphenverwaltung errichtet oder betrieben werden. Für die Genehmigung gelten die Vorschriften des § 2 des Gesetzes über das Telegraphenwesen vom 6. IV. 1892/7. III. 1908 mit der Maßgabe, daß ein Recht auf Erteilung der Genehmigung nicht besteht.

§ 2 der gleichen Verordnung:
Wer vorsätzlich entgegen den Bestimmungen dieser Verordnung eine Funkanlage errichtet oder betreibt, wird mit Gefängnis bestraft. **Der Versuch ist strafbar.**

Diese oben genannte Genehmigung der RTV. (Reichstelegraphenverwaltung) können erhalten:
Behörden und Bordfunkstellen für Betriebsanlagen,
Zeitungen zum Empfang von Pressenachrichten,

Interessenten für das Nauener Zeitzeichen,
Behörden, Schulen, Fabriken für Versuchsanlagen,
anerkannte Vereine der Funkfreunde für Laboratoriumssender und -empfänger,
Privatpersonen zur Beteiligung am Unterhaltungsrundfunk,
Verkaufsinstitute zur Vorführung von Empfangsgerät für den Unterhaltungsrundfunk,
Forscher, Fachleute, Beamte, Mitglieder von Funkvereinen, als Audionversuchserlaubnis.

Die Audionversuchserlaubnis gibt ihrem Besitzer das Recht zu selbständigen Versuchen an eignen Empfangsanordnungen mit Röhren ohne Beschränkung des Wellenbereichs. Die Anlagen dürfen nur zu Versuchen unter Ausschluß von Nachrichtenübermittlung jeder Art benutzt werden; zugelassen zur Aufnahme ist der deutsche und ausländische Rundfunk sowie die „an alle" gegebenen Nachrichten (CQ.). Der Inhalt anderer Funkverkehrs darf weder niedergeschrieben noch anderen mitgeteilt oder irgendwie verwertet werden. Die AVE. (Audionversuchserlaubnis) wird direkt durch die Deutsche Reichspost vergeben an Forscher, Fachleute und Beamte; des weiteren können die anerkannten Vereine der Funkfreunde die Erteilung der AVE. an ihre Mitglieder vermitteln.

Anerkannte Vereine der Funkfreunde:

OPD. Berlin, Potsdam, Frankfurt a. O., Magdeburg, Braunschweig:
    Deutscher Radioklub e. V., Berlin,
    Funktechnischer Verein e. V., Berlin.
OPD. Hamburg, Kiel, Hannover, Schwerin, Bremen, Oldenburg:
    Funkverband Niederdeutschl. e. V., Hamburg.
OPD. Leipzig, Dresden, Chemnitz, Erfurt, Halle:
    Mitteldeutscher Radioverband e. V., Leipzig.
OPD. Stuttgart, Karlsruhe, Konstanz:
    Oberdeutscher Funkverband e. V., Stuttgart.
OPD. Königsberg, Gumbinnen:
    Ostdeutscher Radioklub e. V., Königsberg.
OPD. Stettin, Köslin:
    Pommerscher Radioklub e. V., Stettin.

OPD. in Bayern:
Süddeutscher Radioklub e. V., München.
OPD. Frankfurt a. M., Darmstadt, Cassel:
Südwestdeutscher Radioklub e. V., Frankfurt.
OPD. Breslau, Liegnitz, Oppeln:
Verein der Funkfreunde Schlesien e. V., Breslau.

Beantragt ein Mitglied eines anerkannten Vereins die Erteilung der AVE., so hat es vor einem Prüfungsausschuß dieses Vereins den ·Nachweis über folgende Punkte zu führen:
a) Mitgliedschaft im Verein.
b) Ansässigkeit im Bereiche des Vereins,
c) Besitz der deutschen Reichsangehörigkeit. Ausländern kann die Erlaubnis erteilt werden, sobald nach Angabe der DRP. das betreffende Land Gegenseitigkeit übt,
d) das Mitglied muß seiner Persönlichkeit nach die Gewähr dafür bieten, daß es die Bestrebungen zur Förderung des Funkwesens nicht schädigen wird,
e) allgemeine technische, insbesondere elektrotechnische Kenntnisse, soweit sie für eine funktechnische Betätigung erforderlich sind,
f) technische Kenntnisse des Funkwesens, soweit sie zum Verständnis des Zusammenarbeitens der einzelnen Teile einer Funkempfangsanlage erforderlich sind,
g) Kenntnis der Organisation des deutschen Funkwesens und insbesondere des drahtlosen Fernsprechverkehrs, soweit sie erforderlich ist, um die Störungen, die durch unvorsichtiges Experimentieren entstehen können, zu erkennen.

Genügt das Mitglied nach Ansicht des Prüfungsausschusses sämtlichen Vorbedingungen und besitzt es auch die besonderen Kenntnisse, die bei einem Arbeiten mit Audion und Rückkopplung zur Verhütung der Schwingungserzeugung erforderlich sind, so kann ihm die Erteilung der AVE. vermittelt werden. Der Inhaber einer solchen AVE. hat dann wie der Rundfunkteilnehmer eine Monatsgebühr von 2 Mark an das zuständige Postamt abzuführen.

Die obengenannten 7 Bedingungen sind durch den Beschluß einer Interessentenversammlung im Reichspostministerium am 20. II. 25 im technischen Teil weitgehend erleichtert worden. Trotzdem die AVE. fast einen Freibrief für jegliche Versuchsbetätigung im Reiche der Ätherwellen bildet, wurde die Erleichterung von mehreren Stellen befürwortet, insbesondere weil die Radioklubs schon eine erhebliche Wissensmenge in ihre Mitgliederkreise getragen haben und somit die Störgefahr eine geringere ist. Die Prüfung zur AVE. soll daher in Zukunft wesentlich erleichtert werden und sich in der Hauptsache auf den Nachweis erstrecken, daß der Prüfling in der Lage ist, einen Röhrenempfänger ohne Störung seiner Nachbarn zu bedienen und die wichtigsten Vorgänge im Röhrenempfänger zu erklären. Ganz prüfungsfrei und auf Grund der allgemeinen Rundfunkteilnehmerlizenz erlaubt ist der Selbstbau von Detektor(Kristall-)empfängern und Niederfrequenzverstärkern.

Der vorliegende Lehrgang ist gedacht für den Anwärter und insbesondere für den Inhaber der AVE., er soll ihnen die Erklärung geben für die elementaren Vorgänge, die sich in ihren Apparaten abspielen.

II. Die physikalischen Grundlagen der Radiotechnik.

1. Materie, Elektrizität, Äther.

Ein jeder denkender Mensch wird sich schon einmal in einer Stunde stiller Betrachtung die Frage vorgelegt haben, ob alles das, was ihn umgibt, was er wahrnimmt, was ihm stofflich erscheint, wirklich vorhanden ist, ob alle Dinge in Wahrheit so sind, wie er sie sieht, ob seine Sinne nicht trügen; kurz, ein jeder wird schon einmal über das Wesen des Stofflichen, des Dinges an sich, nachgedacht haben. Sind die Stoffe, die uns in den drei Zuständen: fest, flüssig, gasförmig, umgeben und die wir träge Masse, Materie, nennen, in Wahrheit so, wie wir sie wahrnehmen oder ist ihr Aufbau ein andrer, als wir ihn selbst unter dem Mikroskop sehen? Dieser Zweifel ist berechtigt, denn wie schon eine philosophische Betrachtung zeigt und wie durch theoretische und experimentelle Untersuchungen belegt ist, besitzt die Materie eine recht komplizierte und in den Grundstoffen doch wieder so einheitliche Zusammensetzung, daß man dem Trugbild seiner Sinne nie wieder Glauben schenken möchte.

Mit Hilfe der Chemie können wir alle Stoffe, die uns umgeben, in eine bestimmte Anzahl von Grundstoffen, die Elemente (92), wie Silber, Kohlenstoff, Helium, Wasserstoff, Blei usw. zerlegen. Diese Elemente sind so definiert, daß sie aus allen niederen chemischen Umsetzungen immer wieder mit unver-

Materie, Elektrizität, Äther. 5

ändertem Gewicht und Aussehen hervorgehen. Würde man einem solchen Element mit allen üblichen physikalischen und chemischen Zerkleinerungsmethoden zu Leibe gehen, so erhält man als letzte kleinste Teilchen Gebilde von der Größenordnung eines hundertmillionstel Millimeters im Durchmesser, die Atome[1]). Ein Sauerstoffatom oder ein Eisenatom sind also Teilchen des betreffenden Elements von ganz winzigem Ausmaß. Erst 5 000 000 solcher Atome ergeben ungefähr die Dicke eines Frauenhaares. Diese Atome können sich bei bestimmten chemischen Vorgängen mit Atomen anderer Elemente verbinden zu den Molekülen, es entstehen dann die Elementverbindungen. So besteht ein Molekül Wasser: H_2O aus zwei Atomen Wasserstoff (H) und einem Atom Sauerstoff (O).

Erst in neuerer Zeit stellte man fest, daß das Atom nicht das kleinste unteilbare Gebilde ist, sondern daß das Atom jeden Elements einen sehr komplizierten Aufbau besitzt. Auf Grund eingehender Versuche kann man nämlich behaupten, daß die Atome aller Elemente einen gleichartigen Aufbau wieder in sich besitzen, und daß sogar die ganze Materie nur aus zwei Grundstoffen besteht! Nach dieser Betrachtungsweise zerlegt sich jedes Atom in einen Atomkern, dessen Baustoff wir noch nicht kennen, und in eine Anzahl diesen Kern umkreisender Teilchen, die wir als Bausteine der Elektrizität kennen lernen werden. Das Gewicht des Atomkerns und die Zahl und Bewegungsart der kleinen Monde ergeben den Elementcharakter; so zeigen Abb. 1 und 2 den Aufbau zweier einfacher Atome. Hat das Wasserstoff-

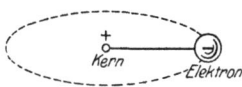
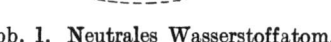
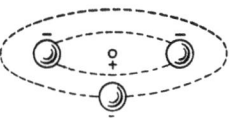

Abb. 1. Neutrales Wasserstoffatom.   Abb. 2. Lithiumatom.

atom einen Durchmesser von ungefähr 1.10^{-8} mm (d. i. der Durchmesser der Bahn des umkreisenden Mondes), so ist der Durch-

---

[1]) Im folgenden werden sehr kleine und sehr große Zahlen immer durch Zehnerpotenzen bezeichnet werden:

$$1000 = 10^4; \qquad 100\,000\,000 = 10^8$$

$$\frac{1}{1000} = 10^{-4}; \qquad \frac{1}{100\,000\,000} = 10^{-8} \text{ usf. (Zahl der Nullen.)}$$

messer des Atomkerns nur höchstens 10^{-16} mm und der Durchmesser des umkreisenden Mondes ungefähr 2.10^{-13} mm. Vergrößert man sich nach L. Graetz diese Dimensionen in das Vorstellbare, so ist, wenn das ganze Atom so groß wie die Erdkugel gedacht wird, der Atomkern nicht größer als ein Kindergummiball und der umkreisende Mond so groß wie die Peterskirche. Man sieht hieraus, daß eigentlich das ganze Atom hauptsächlich aus leerem Zwischenraum besteht. Wo bleibt da die Kompaktheit der Materie? Nach P. Lenard befindet sich auch in einem Kubikmeter des dichtesten Stoffes, Platin, nicht mehr als ein Kubikmillimeter undurchdringlicher Substanz.

Der Raum innerhalb des Atoms ist natürlich nicht absolut leer, sondern in ihm wirken geheimnisvolle Kräfte; Kräfte, die vorhanden sein müssen, denn sonst würden die umkreisenden Monde wegen ihrer hohen Umlaufsgeschwindigkeit um den Kern (ungefähr $65 \cdot 10^{15}$ mal in jeder Sekunde) durch die Zentrifugalkraft aus dem Atom herausgeschleudert werden. Es hat sich nun gezeigt, daß diese umkreisenden Monde nichts anderes sind als die Einzelteilchen des geheimnisvollen Fluidums, das wir Elektrizität nennen. Helmholtz hat diese „Atome der Elektrizität" Elektronen getauft. Jedes Materieatom besitzt also einen Atomkern und eine gewisse Anzahl von Elektronen, die in einer oder mehreren Bahnen diesen Kern mit großer Umlaufzahl umkreisen. Wie recht hatte doch jener Philosoph, der sich fragte, ob überhaupt ein Unterschied zwischen dem Urstoff und der Elektrizität besteht!

Wie im Weltraum die kreisenden Planeten durch die Schwerkraft, so werden im Atomsystem die umlaufenden Elektronen an den Kern durch eine elektrische, elektrostatische Anziehungskraft gebunden. Um nun die Elektronentheorie in die alte Betrachtungsweise der Elektrizität einzufügen, nennen wir das Elektron negativ und den Kern positiv. Ungleiche Ladungen ziehen sich an! Die Elektronen des Atoms sind an den Kern gebunden, nur durch sehr starke Kräfte oder bei besonderen Vorgängen, dem selbständigen Atomzerfall (Radium), können sie aus dem Atomgefüge heraustreten.

Die Atome werden durch die Materialfestigkeit zusammengehalten, aber nicht absolut starr, sondern beschränkt beweglich, denn sie führen unter dem Einfluß der Wärme eine lebhafte

Pendelbewegung aus, die erst bei dem absoluten Nullpunkt der Temperatur (— 273 ⁰ C) zum Stillstand kommt. Die Bewegungsenergie dieser Bewegung ist die dem Körper innewohnende Wärmeenergie. Aus dem Vorhandensein einer solchen Bewegung ist schon ersichtlich, daß auch zwischen den einzelnen Atomen oder den zu Molekülen vereinigten Atomen wieder große Zwischenräume bestehen.

In diesen Zwischenräumen befinden sich auch Elektronen, die im Gegensatz zu den gebundenen Elektronen keinem Atom angehören, sondern sich frei bewegen können: freie Elektronen. Kommen diese freien Elektronen durch irgendeinen Anlaß zum Fließen, so nennen wir dies einen elektrischen Strom. Besitzt ein Stoff eine große Anzahl dieser freien Elektronen, so ist er ein elektrischer Leiter, können aus dem Atomverband eines Stoffes durch äußere Kräfte leicht Elektronen für die Stromleitung frei gemacht werden, so haben wir einen Halbleiter oder Elektrolyten, sind überhaupt keine freien Elektronen vorhanden, so ist der Stoff ein Nichtleiter oder Isolator.

Bei Isolatoren findet man noch die eigentümliche Erscheinung, daß sie außer den gebundenen Elektronen im Atom noch Elektronen besitzen, die aber nicht frei sind, sondern halb gebunden, d. h. sie können sich nicht vom Atom entfernen, können sich aber doch mit einiger Reibung um das Atom als ganzes herumbewegen.

Der modernen Physik ist es gelungen, die so verschiedenen Erscheinungsweisen von Licht, Elektrizität, Magnetismus und Schwerkraft dadurch auf eine Basis zu bringen, daß sie Fernwirkungsvorgänge in dem gleichen Medium vor sich gehen läßt. In der Geometrie definierten wir den Raum durch seine geometrischen Eigenschaften (dreidimensional usw.), kommt hierzu noch die Eigenschaft, Träger elektrischer Vorgänge ohne die Anwesenheit von Leitern sein zu können, so nennen wir diesen Raum mit Äther gefüllt. Wir müssen festhalten, daß noch niemand den Äther hat nachweisen können, daß er für uns unwägbar, unendlich fein und meßtechnisch ungreifbar ist; er ist eine Schöpfung unserer Vorstellung zur Erklärung gewisser Vorgänge, die sonst unfaßbar für uns wären. So kommt mit Hilfe des Äthers das Sonnenlicht durch das Vakuum des Weltenraums zu uns, so überträgt der Äther die Wellen der drahtlosen Telegraphie, und so ist dieser geheimnisvolle Stoff der Vermittler der Schwerkräfte zwischen den einzelnen Sternen des Universums. Alle elektrischen und magnetischen Erscheinungen, alle Lichtvorgänge spielen sich im Äther ab. Das Kopplungsmittel mit dem Äther ist das Elektron, dessen Bewegungen den reibungs- und verlustfreien Äther zu Schwingungen erregen.

2. Der elektrische Strom, die elektrische Spannung, der Ohmsche Widerstand.

Wir hatten oben gesehen, daß die Elektrizität gebildet wird von kleinsten Teilchen, den Elektronen, die selbst gleichzeitig auch ein Teil der Materie sind. Es ist auch schon gesagt worden, daß die Elektronen nach der üblichen Bezeichnungsweise negativ sind, daß es also nur negative Elektrizität gibt. Jedes Elektron stellt einen bestimmten Bruchteil negativer Ladung dar, wir nennen diesen Bruchteil: das elektrische Elementarquantum. Um messen zu können, faßt man eine große Anzahl dieser Elementarquanten, die ja bei der Kleinheit der Elektronen auch nur eine sehr kleine Elektrizitätsmenge darstellen können, zu einer größeren Einheit zusammen:

$Q =$ **Elektrizitätsmenge.**

Einheit der Elektrizitätsmenge = 1 Coulomb
1 Coulomb = $6 \cdot 10^{18}$ Elementarquanten.

Um einen auch nur einigermaßen brauchbaren Meßwert zu erhalten, müssen wir eine derartig große Menge von Elektronen zusammenfassen. Bringen wir eine größere Anzahl von Elektronen auf einen isolierten (elektrisch von der Außenwelt abgetrennten) Körper, so laden wir ihn auf. Der Elektronenvorrat der Erde ist nach Berechnungen ungefähr $43 \cdot 10^4$ Coulomb; besitzt unser Meßkörper relativ zu seiner Oberfläche mehr Elektronen als die Erde, so ist er negativ geladen, hat er weniger, so ist er positiv geladen. Bei diesen Vergleichen müssen wir die Oberfläche und nicht das Volumen in Betracht ziehen, da die Elektronen ja alle negativ sind, sich also abstoßen und sich gegenseitig in diesem Ausdehnungsbestreben nach der Oberfläche drängen. Die Elektrizitätsaufnahmefähigkeit eines Körpers, seine Kapazität, ist im wesentlichen abhängig von seiner Oberfläche. Wir kürzen wiederum ab:

$C =$ **Kapazität.**

Es ist wohl einem jeden plausibel, daß man auf eine Kapazität um so mehr Elektrizitätsmenge aufbringen kann, je größer sie ist.

Da sich wegen der gleichen Ladung die einzelnen Elektronen gegenseitig abstoßen, wird bei der Ladung einer festen Kapazität der gegenseitige Druck um so höher steigen, je mehr die angesammelte Elektrizitätsmenge vermehrt wird; diesen „Elektronendruck" nennen wir das Potential des betreffenden Körpers.

$P =$ **Potential.**

Aus der vorgehenden Überlegung ergibt sich leicht folgende Beziehung zwischen Elektrizitätsmenge, Potential und Kapazität eines Körpers:

$$\boxed{Q = P \times C.} \quad (1)$$

Betrachten wir nun zwei Körper, die sich auf verschiedenem Potential befinden, so würden wegen des verschiedenen Elektronendrucks die Elektrizitätsmengen sich ausgleichen, wenn man beide Körper durch einen Leiter verbände. Dieser Wunsch nach Ausgleich ist eine elektrische Spannung. Eine elektrische Spannung ist also die Differenz der Potentiale zweier Körper. Wir bezeichnen:

$E =$ **Spannung.**

Nach dem soeben Ausgeführten ist eine elektrische Spannung immer bestrebt, durch einen Elektronenfluß in einem verbindenden Leiter einen Ausgleich der Potentiale herbeizuführen. Dieser „Strom" wird ausgeführt durch die im Leiter vorhandenen freien Elektronen, die von der elektrischen Spannung durch das Atomgefüge getrieben werden. Der Versuch zeigt nun, daß die Menge der hindurchgetriebenen Elektronen nicht immer gleich ist, sondern von der Spannung und dem Leitermaterial abhängt. Um vergleichende Messungen anstellen zu können, definiert man als Maß der Stromstärke das Ampere:

1 Ampere $= 1$ A $= 1$ Coulomb in der Sekunde.

Fließen durch einen Leiterquerschnitt in jeder Sekunde $6 \cdot 10^{18}$ Elektronen, so nennen wir diese Stromstärke ein Ampere[1]). Der

---

[1]) Um kleine und große Werte bequem nennen zu können, bedient man sich bei Meßgrößen folgender Vorsilben:

M = (Mega) $= 10^6 \times$ $\quad$ 1 m A $= 1$ Milliampere $= \dfrac{1}{1000}$ A

k = (kilo) $= 10^3 \times$

m = (milli) $= 10^{-3} \times$ $\quad$ 1 μC $= 1$ Mikrocoulomb $= \dfrac{1}{1\,000\,000}$ C.

μ = (mikro) $= 10^{-6} \times$

Versuch hat weiterhin gezeigt, daß bei gleicher Spannung E, aber verschiedenen Leitermaterialien die Stromstärke eine verschiedene ist, je nach dem elektrischen „Widerstande" des betreffenden Materials. Wir nennen diesen Widerstand:

R = Widerstand.

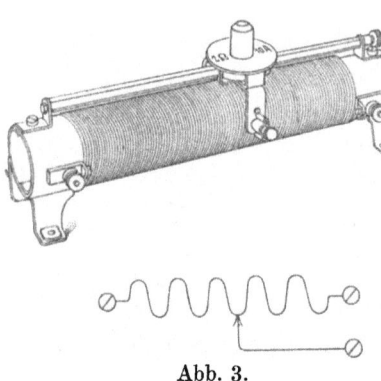

Abb. 3.
Der Schiebewiderstand und sein Symbol.

So hat z. B. Eisen einen ungefähr siebenmal so hohen Widerstand als Kupfer, während Silber sogar noch etwas besser als Kupfer leitet (Abb. 3.) Fast alle Metalle sind sehr gute Leiter, es folgt dann Kohle, darauf die chemischen Säuren, Basen und Salzlösungen. Um die Widerstände verschiedener Leiter vergleichen zu können, hat man auch hier eine Einheit geschaffen. Man nennt den Widerstand eines

Quecksilberfadens von 1 qmm Querschnitt und 1,063 m Länge bei 0° C = 1 Ohm = 1 Θ.

(Der ungerade Wert mit 6,3 cm über 1 m ist in die Definition hineingekommen, um eine Übereinstimmung mit der wissenschaftlichen Maßeinheit herbeizuführen.) Der Widerstand eines gleichartigen Kupferdrahtes ist nur 0,0177 Θ. Die Größe des Widerstandes eines Leiters hängt hauptsächlich von drei Faktoren ab. Der Widerstand ist um so größer, je länger der Leiter ist, und er wird auch größer, je kleiner der Querschnitt des Leiters wird. Diese beiden Erscheinungen sind ja verständlich, wenn man an ein Leitungsrohr denkt. Zum dritten ist der Widerstand noch von einer Stoffkonstante abhängig, deren Einfluß wir schon gesehen haben. Also einen niedrigen Widerstand hat ein Leiter mit großem Querschnitt und von geringer Länge aus einem guten Material, z. B. Kupfer.

Da wir nun die Einheiten für Stromstärke und Widerstand haben, können wir mit ihnen uns ein Maß für die Spannung bilden. Wir definieren als Spannungseinheit diejenige Spannung, die durch einen Leiter vom Widerstand 1 Θ gerade einen Strom

Der elektr. Strom, die elektr. Spannung, der Ohmsche Widerstand. 11

von 1 A hindurchpreßt, diese Einheitsspannung nennen wir 1 Volt:·
Spannungseinheit: 1 Volt $= 1\ V$.
In der obigen Definition des Volts ist schon ein Gesetz versteckt angewendet worden, ein Gesetz, das die ganze Gleichstromlehre beherrscht. Das Ohmsche Gesetz. (Abb. 4).

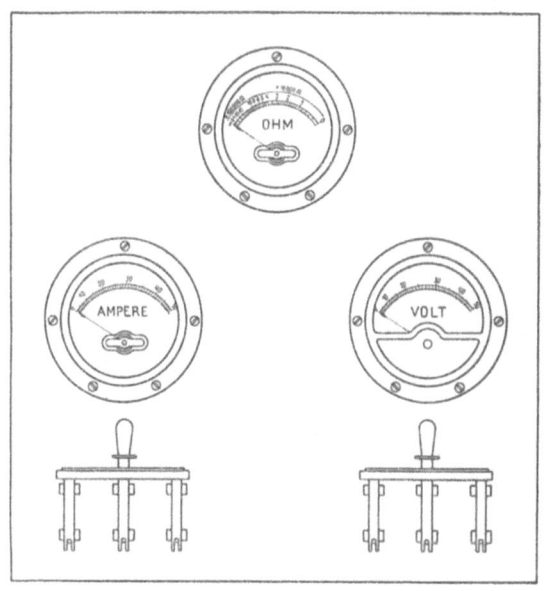

Abb. 4. Eine elektrische Schalttafel.

Es ist plausibel und durch den Versuch bestätigt, daß durch einen Leiter von konstantem Widerstand ein um so stärkerer Strom fließt, je höher die Spannung ist, die an seinen Enden herrscht. Umgekehrt wird zweitens der Strom auch größer werden, wenn man bei gleichbleibender Spannung den Widerstand des Leiters kleiner wählt. Es besteht sogar ein direktes Verhältnis;

Stromstärke $= \dfrac{\text{Spannung}}{\text{Widerstand}}$ oder $\boxed{J = \dfrac{E}{R}}$ **Das Ohmsche Gesetz.** (2)

(In der obigen Formel ist als übliche Abkürzung für den Strom J gesetzt.)

J = Strom

Das Ohmsche Gesetz ist eines der wichtigsten Gesetze aus der Elektrizitätslehre und muß auch zum kleinen Einmaleins des Amateurs gehören.

Wie wichtig das Ohmsche Gesetz ist, können wir schon aus folgendem, kleinen Beispiel ersehen (Abb. 5). In der Praxis benutzt man im Amateurbetrieb als Spannungsquelle häufig einen Akkumulator, eine Zelle, bei der durch einen chemischen Vorgang (Kapitel 5) zwei Platten dauernd auf einem verschiedenen Potential gehalten werden, so daß bei Verbindung der beiden Klemmen an den Platten diese Potentialdifferenz = Spannung durch einen Strom sich auszugleichen sucht. Wie groß ist nun der Strom, den

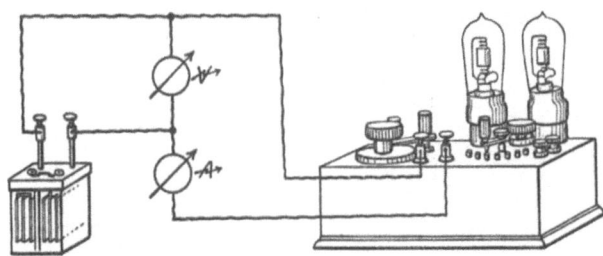

Abb. 5. Strom- und Spannungsmessung in einem elektrischen Stromkreis.

unser Empfangsapparat in der Abbildung verbraucht, wenn wir einen 4 V Akkumulator benutzen und der Apparat mit seinen Verstärkerröhren einen Widerstand von 25 Ω besitzt? Wir erhalten:

$$J = \frac{E}{R} \quad \text{also} \quad J = \frac{4}{25} = 0{,}16 \text{ A}.$$

Unter Amperemeter zeigt somit 0,16 A oder 160 mA, während das Voltmeter 4 V angibt.

Ich muß hier noch eine kleine Unterlassungssünde wieder gut machen. In der älteren Elektrotechnik, als man die Elektronentheorie noch nicht aufgestellt hatte, bezeichnete man willkürlich das eine Potential im Vergleich zu dem als 0 angenommenen Potential der Erde mit positiv = +, während man das andere negativ = — nannte. In diesem Sinne ließ man auch den Strom von plus nach minus fließen. Nach der Elektronentheorie sind aber die Elektronen negativ und fließen vom negativen Potential (viel Elektronen) nach dem positiven (wenig Elektronen). Wir wollen aber, um mit den alten Bezeichnungen nicht dauernd in Konflikt zu kommen, die Stromrichtung wie früher von plus nach minus mit positiv bezeichnen, es ist dies eine Willkür; wir wissen, daß es in Wirklichkeit anders ist (Abb. 6).

Der elektr. Strom, die elektr. Spannung, der Ohmsche Widerstand. 13

Vom rein mathematischen Standpunkt können wir nun das Ohmsche Gesetz mehrfach umformen und so z. B. schreiben:

$$\text{Widerstand} = \frac{\text{Spannung}}{\text{Stromstärke}} \quad \text{oder} \quad \boxed{R = \frac{E}{J}}. \quad (3)$$

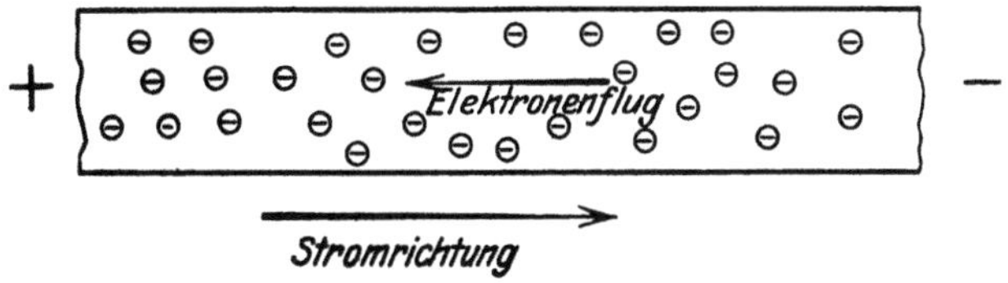

Abb. 6. Stromrichtung und Elektronenfluß.

Aus dieser Form kann man sich dann leicht den Widerstand einer Anordnung ausrechnen. Wenn man weiß, daß die Telefunken-Verstärkerröhre RE 79 bei 2,5 V Heizspannung einen Heizstrom von 0,07 A verbraucht, so finden wir ihren Widerstand aus Formel 3 zu:

$$R = \frac{E}{J} = \frac{2,5}{0,07} = 36\,\Omega.$$

Eine dritte Umformung des Ohmschen Gesetzes wäre:

Spannung = Stromstärke × Widerstand oder $\boxed{E = J \cdot R}$ (4)

Nach dieser Form entsteht an den Enden eines Drahtes vom Widerstande R eine Spannung E, wenn durch ihn der Strom J fließt. Das ist auch in Wirklichkeit der Fall; lassen wir durch irgendeinen Widerstand einen Strom fließen, so entsteht in diesem Widerstand ein Spannungsabfall, eben die aus der Formel 4 zu errechnende Spannung E. Dieser Spannungsabfall oder

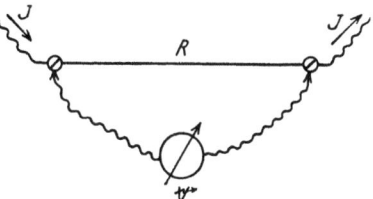

Abb. 7. Messung des Spannungsabfalls am Widerstand R.

diese Potentialdifferenz muß ja an den Enden des Drahtes vorhanden sein, denn sonst würde durch ihn kein Strom fließen: Elektronen fließen nur beim Vorhandensein einer Potentialdifferenz. Schicken wir also durch unsren Quecksilbernormalwiderstand von 1 Ω Widerstand einen Strom von 1 A, so entsteht in diesem Widerstand ein Spannungsabfall von genau 1 V. (Abb. 7).

14 Die physikalischen Grundlagen der Radiotechnik.

Ein praktisches Beispiel: (Abb. 8). Es sind vorhanden die obengenannte RE 79-Röhre, ein 4-Volt-Akkumulator und ein Heizregulierwiderstand. Wie erreiche ich es nun, daß die 1,5 V̇ Überschuß, die der Akkumulator mehr als die notwendige Heizspannung (2,5 V̇) für die Verstärkerlampe besitzt, als Spannungs-

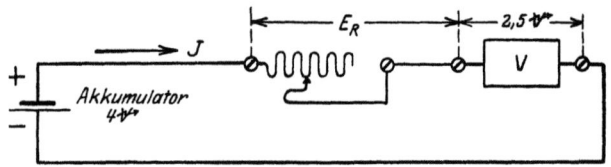

Abb. 8. Berechnung des Heizwiderstandes.

abfall E_r vom Regulierwiderstand aufgenommen werden? Der Spannungsabfall E_r muß sein: $4 - 2,5 = 1,5$ V̇. Der Verbrauchsstrom J ist 0,07 A, also

$$1,5 = E_r = 0,07 \cdot R_x,$$

wenn R_x der benötigte Heizwiderstand ist. Wir erhalten:

$$R_x = \frac{1,5}{0,07} = 21\ \Omega.$$

Diese drei Anwendungsbeispiele zeigen zur Genüge, wie häufig das Ohmsche Gesetz in der Praxis gebraucht wird. Aber nicht nur in dieser direkten Form findet das Ohmsche Gesetz seine Anwendung, sondern auch in Gesetzen erweiterter Form. Auch hier müssen wir uns einige Regeln für die Praxis merken (Abb. 9). Schaltet man mehrere Widerstände hintereinander, so daß der Strom sie alle passieren muß, so ergibt sich, daß der Gesamtwiderstand dieser Anordnung R_s gleich der Summe aller Reihenwiderstände ist:

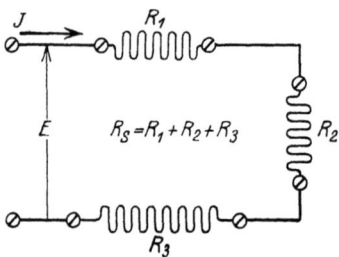

Abb. 9. Hintereinanderschaltung von Widerständen.

Reihen- oder Hintereinanderschaltung: $\boxed{R_s = R_1 + R_2 + R_3 + \ldots}$ (5)

Andere Verhältnisse bekommen wir, wenn die Widerstände parallel, d. h. nebeneinander (Abb. 10), geschaltet werden. In diesem Falle teilt sich der Strom, und durch die Einzelwiderstände

Der elektr. Strom, die elektr. Spannung, der Ohmsche Widerstand. 15

fließen nur die Teilströme J_1, J_2, usf. An allen Widerstanden liegt aber die gleiche Spannung E. Es ergibt sich:

$$J_1 = \frac{E}{R_1}; \quad J_2 = \frac{E}{R_2}; \quad J_3 = \frac{E}{R_3} \text{ usf.}$$

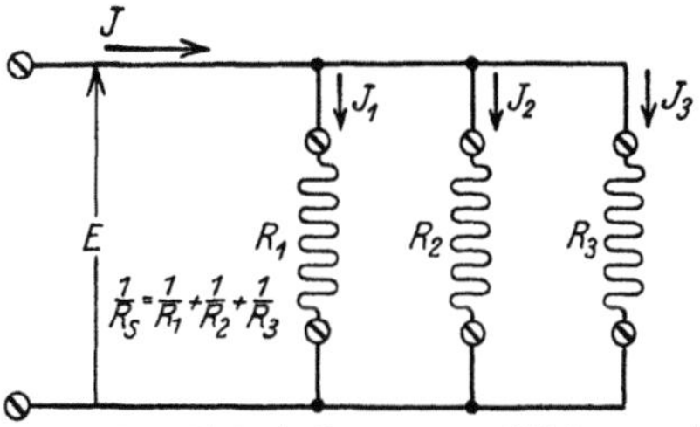

Abb. 10. Parallelschaltung von Widerständen.

Bezeichnet man nun wieder den Gesamtwiderstand dieser Parallelschaltung mit R_s, so ergibt sich für den Gesamtstrom die Beziehung:

$$J_s = J_1 + J_2 + J_3 + \ldots \quad \text{und} \quad J_s = \frac{E}{R_s},$$

also:

$$\frac{E}{R_s} = J_s = J_1 + J_2 + J_3 + \ldots = \frac{E}{R_1} + \frac{E}{R_2} + \frac{E}{R_3} + \ldots = E\left(\frac{1}{R_1} + \frac{1}{R_2} + \frac{1}{R_3}\right)$$

$$E \cdot \frac{1}{R_s} = E\left(\frac{1}{R_1} + \frac{1}{R_2} + \frac{1}{R_3} + \ldots\right).$$

Parallel- oder Nebeneinanderschaltung:

$$\boxed{\frac{1}{R_s} = \frac{1}{R_1} + \frac{1}{R_2} + \frac{1}{R_3} + \ldots} \tag{6}$$

In der Praxis kommt nicht selten der Fall vor, daß man mehrere Kopfhörer parallel schalten will. Nehmen wir an: zwei Hörer zu 4000 Ω, ein Hörer zu 500 Ω und ein Hörer zu 2000 Ω sollen parallel an einen Empfänger geschaltet werden. Wie groß ist der Gesamtwiderstand dieser Parallelschaltung (Abb. 11)? Nach Formel 6 ist:

$$\frac{1}{R_s} = \frac{1}{R_1} + \frac{1}{R_2} + \frac{1}{R_3} + \frac{1}{R_4} = \frac{1}{4000} + \frac{1}{4000} + \frac{1}{500} + \frac{1}{2000},$$

$$\frac{1}{R_s} = \frac{3}{1000}; \quad R_s = 333 \text{ Ω}.$$

Der Gesamtwiderstand ist also erheblich geringer geworden.

16 Die physikalischen Grundlagen der Radiotechnik.

Die Vorgänge, die wir bis jetzt betrachtet haben, waren von folgendem Verlauf: Der Strom wurde irgendwie eingeschaltet

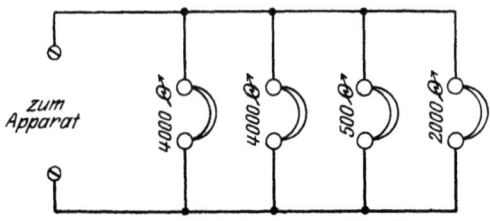

Abb. 11. Parallelschaltung von **Kopfhörern**.

durchfloß unter dem Einfluß einer Spannung einen Widerstand und wurde dann in seiner Größe nicht mehr verändert. Einen solchen Strom, der sich zeitlich nicht ändert, nennt man einen **Gleichstrom**. Ändert sich der Strom aber so, daß er in regelmäßigen Abständen einmal in der einen, dann in der anderen Richtung fließt, so haben wir einen **Wechselstrom** vor uns. Schwankt aber nur die Größe eines bestimmten Gleichstroms, so daß der Strom zwar immer in der gleichen Richtung, aber mit verschiedener Stromstärke fließt, so haben wir einen **Wellenstrom**. Man kann diese Verhältnisse zeichnerisch darstellen. Wie wir in Kapitel 4 sehen werden, übt der elektrische Strom eine magnetische Wirkung aus, d. h. eine stromdurchflossene Drahtspule ist in der Lage, einen Eisenkern in sich hinein zu ziehen. Befestigt man nun diesen Eisenkern an einer Feder, so wird er um so tiefer in die Spule hineingezogen, je stärker der durch die Windungen fließende Strom ist. In Abb. 12 ist nun die Anordnung so getroffen, daß an dem Eisenkern ein Schreibstift befestigt ist, der auf einer sich drehenden Trommel mit Schreibpapier einen Linienzug hinterlassen kann. Wickelt man dann den Papierstreifen von der Trommel ab, so zeigt der Linienzug den Stromverlauf an. Schaltet

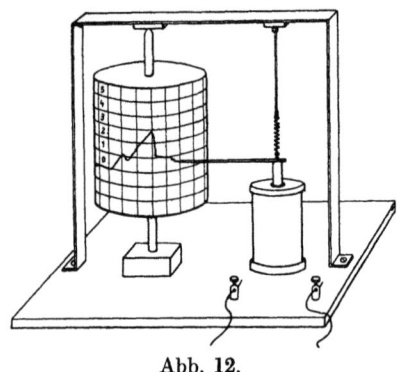

Abb. 12.
Magnetelektrischer Kurvenmesser.

Der elektr. Strom, die elektr. Spannung, der Ohmsche Widerstand. 17

man z. B. nach der ersten Umdrehung der Trommel einen Gleichstrom ein von 1,6 A, der bei der 5. Umdrehung wieder ausschaltet wird, so erhalten wir den Linienzug von Abb. 13. In der

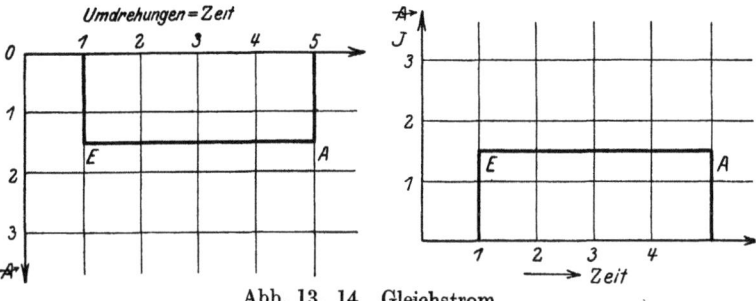

Abb. 13, 14. Gleichstrom.

Praxis dreht man meistens die Abbildung nach oben um, da man eine Stromstärke gern nach oben abliest (Abb. 14). Ein Wechselstrom würde sich wie Abb. 15 aufzeichnen, ein Wellenstrom wie Abb. 16. Eine solche zeichnerische oder graphische Darstellung eines zeitlichen Vorgangs nennt man Kennlinie, Kurve oder Charakteristik. Die meisten Kurvendarstellungen der Praxis haben senkrechte Koordinatenachsen, wie bei unseren Abbildungen die Meßachse senkrecht auf der Zeitachse stand.

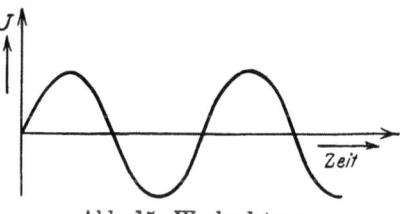

Abb. 15. Wechselstrom.

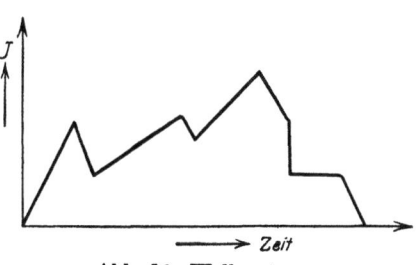

Abb. 16. Wellenstrom.

Es ist klar, daß wir zur Erzeugung eines Wechselstroms eine Spannung benötigen, die fortgesetzt in ihrer Richtung wechselt, also eine Wechselspannung, während ein Wellenstrom schon entsteht, wenn bei einer gleichbleibenden Spannung nur der Widerstand in dem Kreise geändert wird. Schwillt der Widerstand an, so fällt der Strom ab, und bei Kleinerwerden des Widerstandes steigt die Stromkurve. Ein

Riepka, Lehrkurs. 2

18   Die physikalischen Grundlagen der Radiotechnik.

solcher sich ändernder Widerstand wird gerade in der Fernmeldetechnik sehr häufig benutzt in der Gestalt des Mikrophons. Sämtliche Töne, die unser Ohr wahrnimmt, sind nichts anderes als sehr schnelle Schwingungen der Luft, d. h. die Luft wird in sehr schnellen Intervallen verdichtet und wieder verdünnt, wie man sich dies beim Schwingen einer Stimmgabel sehr gut vorstellen kann. Die menschliche Stimme, die Musikinstrumente, alle Geräusche sind Schwingungen der Luft. Derartige Schallschwingungen zeigen die Abb. 17—20, die im Telegraphentechnischen Reichsamt hergestellt worden sind. Läßt man solche Schallschwingungen auf eine dünne, biegsame Platte, eine Membrane treffen, so wird sie bei genügender Biegsamkeit alle Luftbewegungen mitmachen, ihr Schwingungsbild also den gleichen Verlauf haben. Bei einem Mikrophon ist die Anordnung so getroffen, daß einer Kohlemembran gegenüber ein Kohlegegenkontakt gestellt ist und daß der Zwischenraum mit Kohlekörnchen ausgefüllt ist (Abb. 21). Wird die Membran in Schwingungen versetzt, so werden die Kohlekörnchen zwischen Membran und Kohleklotz im Takte der Schallschwingungen zusammengepreßt

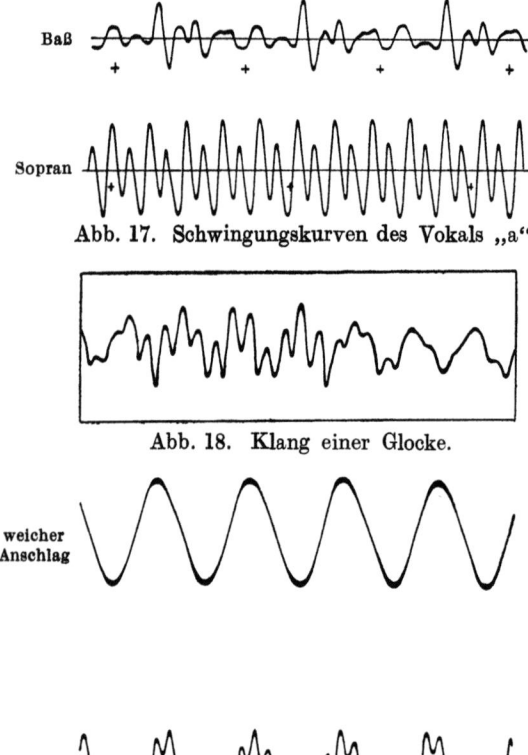

Abb. 17. Schwingungskurven des Vokals „a".

Abb. 18. Klang einer Glocke.

Abb. 19. Schwingungen einer Stimmgabel.

und wieder gelockert. Dadurch wird der Gesamtwiderstand der Kohlemasse geändert, und aus dem in A eintretenden und aus B austretenden, anfänglichen Gleichstrom wird ein Wellenstrom (Abb. 22). Die Begrenzungskurve der Stromkennlinie entspricht dann mehr oder weniger der Kurve der Schallschwingungen. Die in elektrische Schwingungen umgesetzten Schallschwingungen reiten gewissermaßen auf dem

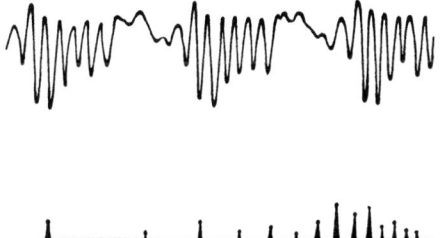

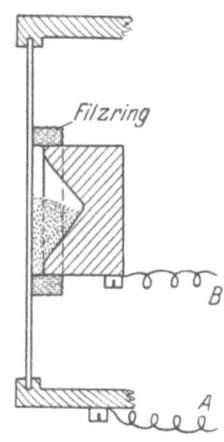

Abb. 20. Schwingungsform und Teiltonamplituden eines Klanges einer Klarinette.

Abb. 21. Mikrophon im Schnitt.

Gleichstrom, sie benutzen ihn als Trägerstrom. Der in das Mikrophon eingelegte Filzring hat die Aufgabe, das Herausfallen

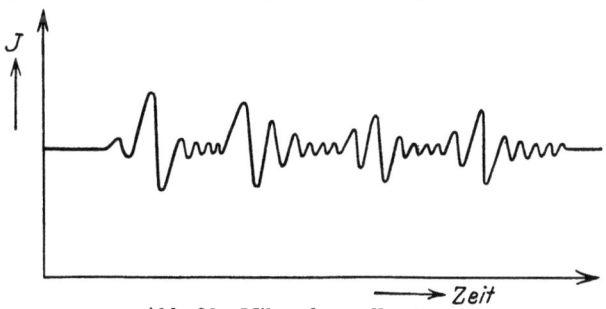

Abb. 22. Mikrophonwellenstrom.

der Kohlekörnchen zu verhindern und außerdem die Schwingungen der Membran zu dämpfen, damit sie nicht klirrt.

Wir müssen jetzt noch eine weitere Erfahrungstatsache kennenlernen. Wenn ein Strom einen mit Widerstand behafteten Leiter durchfließt, so zeigt es sich, daß dieser Leiter sich erwärmt.

Man kann durch den Strom den Leiter bis zur Weißglut erhitzen (Glühlampen) oder sogar ihn durchschmelzen (Sicherungen). Diese Erwärmung könnte man sich plausibel machen durch die Reibung der den Stromfluß vermittelnden freien Elektronen beim Durchgang durch das Atomgefüge. Die Messung zeigt, daß diese Wärmeentwicklung um so größer ist, je höher der Widerstand des Leiters ist und je stärker der Strom ist. Die Abhängigkeit von der Stromstärke ist sogar eine potenzierte, die Wärmemenge hängt ab von dem Produkt $J \cdot J = J^2$. Die Messung ergab folgenden exakten Zusammenhang (Joulesches Gesetz):

$$\boxed{\text{Entwickelte Wärmemenge} = 0{,}24 \cdot J^2 \cdot R \cdot t.} \qquad (7)$$

Darin bedeutet
$$t = \text{Zeit,}$$

denn es ist ja selbstverständlich, daß die erzeugte Wärmemenge von der Stromdauer abhängig ist.

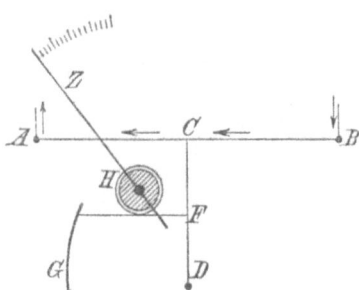

Abb. 23. Abb. 24.
Prinzip des Hitzdrahtinstruments. System eines Hitzdrahtamperemeters.

In der Meßtechnik macht man von der Wärmewirkung des Stromes zur Strommessung Gebrauch im sog. Hitzdrahtmeßinstrument. Prinzip und Ausführung zeigen die Abb. 23 und 24. Man benutzt hier die Wärmeausdehnung der Metalle, die ja für ein Grad Temperaturerhöhung schon recht erheblich ist. So dehnt sich z. B. ein Silberdraht bei einer Temperaturerhöhung von 100° um 0,2 % seiner Länge aus. Erzeugt man diese Temperaturerhöhung durch den elektrischen Strom und überträgt man die Längenausdehnung durch ein Hebelwerk auf einen Zeiger, so kann man an einer Skala für den Zeiger die Stromstärke ablesen.

Aus der Elementarphysik ist bekannt, daß eine bestimmte Wärmemenge einem Arbeitsaufwand gleichkommt. Diese Arbeit mißt man nun mechanisch in Meterkilogramm (z. B. 30 kg um 10 m gehoben = 30 mkg) oder in Wattstunden (elektrische Tarife). In der Jouleschen Formel war diese Arbeit elektrisch ausgedrückt durch

$$\text{Arbeit} = J^2 \cdot R \cdot t \text{ oder } A = J \cdot J \cdot R \cdot t.$$

Nach dem Ohmschen Gesetz können wir aber für

$$J \cdot R = E$$

setzen; es wird also

$$\boxed{\text{Arbeit} = J \cdot E \cdot t.} \qquad (8)$$

Unter Leistung versteht man nun in der Mechanik die Arbeit in der Zeiteinheit, also in der Sekunde oder in der Stunde. Es würde dann aus der Formel das t (Zeit) herausfallen. Wir erhalten:

$$\boxed{\text{Leistung} = J \cdot E.} \qquad (9)$$

Dieses Produkt aus Stromstärke und Spannung mißt man in Watt.

Einheit der Leistung = $1 \, A \cdot 1 \, V = 1$ Watt = 1 W.

Die schon mehrfach erwähnte RE 79-Verstärkerröhre benötigt somit eine **Heizleistung** von:

$$L_h = 2.5 \, V \cdot 0.07 \, A = 0.175 \text{ Watt} = 0.175 \text{ W} = 175 \text{ mW}.$$

Diese etwas kompliziert aussehenden Zusammenhänge werden durch häufige Anwendungen schon in diesem Buche dem Amateur schnell vertraut werden.

3. Das elektrische Feld, der Kondensator.

Im Kapitel 1 war schon der Begriff des Äthers erläutert worden; wir verstanden unter Äther das uns unbekannte Mittel, das die Übertragung aller elektromagnetischen Erscheinungen durch den Raum übernimmt. Als Kopplungsmittel zum Äther wollen wir die Elektronen betrachten. Wir brauchen diesen Äther schon zur Erklärung der einfachsten Erscheinungen. Es wurde oben die Abstoßung der gleichgeladenen Elektronen erwähnt; eine solche Kraftübertragung können wir uns gar nicht ohne das Vorhandensein eines Zwischenmittels erklären.

Wir wollen für einen Versuch eine Kugel auf ein negatives Potential bringen, d. h. durch eine Spannung auf ihr Elektronen ansammeln. Es zeigt sich nun, wie wir schon wissen, daß je mehr Elektronen auf der Kugel sind, es um so schwerer wird, noch mehr Elektronen heraufzubringen. Die geheimnisvolle Kraft der gegenseitigen Abstoßung möchte keine Elektronen zulassen, von welcher Seite wir auch kommen. Um die Kugel herum befindet sich der Raum in einem Zustand, der einer Elektronen zurückdrängenden Kraft entspricht. Einen solchen Zustand nennen wir ein **Kraftfeld**. Die Kugel ist umgeben oder sie erzeugt ein elektrisches Feld in ihrer Umgebung.

Allgemein verstehen wir unter einem Feld einen Raum, bei dem die einzelnen Punkte sich in einem irgendwie definierten Zustand befinden. Bestimmen wir z. B. in einem Zimmer, einem abgeschlossenen Raume, an allen Stellen die Temperatur, so können wir bei einer Darstellung dieser Temperaturen in Abhängigkeit vom Meßpunkt (als **Funktion** des Meßpunktes) von einem Temperaturfelde sprechen. Messen wir an verschiedenen Stellen der Erdoberfläche Richtung und Stärke der erdmagnetischen Kraft, die die Kompaßnadel beeinflußt, so reden wir von einem erdmagnetischen Felde. Untersuchen wir in einem Windkanal mittels kleiner Windfähnchen Richtung und Stärke des Luftzuges, so untersuchen wir ein Strömungsfeld.

Ein solches Feld graphisch darzustellen, ist eine Aufgabe, die oft an den Forscher herantritt. Jeder gebildete Laie kennt solche Darstellungen. Man verbindet die Punkte gleicher Eigenschaft durch Linienzüge und erhält so Niveaukarten: Wanderkarten mit Höhenlinien, Segelkarten mit Tiefenlinien der Wasserstraßen. In diesem Beispiel ist die betrachtete Größe die Höhe über dem Meeresspiegel. Bei den Wetterkarten sieht man graphische Darstellungen der Temperaturfelder und Luftdruckfelder (Isothermen und Isobaren). Haben wir die Niveaulinien eines Berges als Höhenschichtlinien gezeichnet, so ist es nicht schwer, diejenigen Linien zu konstruieren, die den stärksten Abfall zwischen den Höhenlinien angeben, das wären die Linien, in denen das Wasser herabfließen würde. Es ist leicht einzusehen, daß diese Linien senkrecht auf den Niveaulinien stehen. Diese Linien heißen **Feldlinien**.

Bei unserer geladenen Kugel kann man diese Darstellungsweise für ein Feld sehr gut anwenden. Die Kugel können wir nicht unendlich weit von der Erde fort aufstellen, also müssen wir bei einer Darstellung ihres Feldes auch die Erde berücksichtigen. Ich bringe z. B. (Abb. 25) die Kugel auf eine Spannung

Das elektrische Feld, der Kondensator.

von 8 Volt gegen Erde. Es muß doch nun ein Spannungsabfall von 8 V von der Kugel bis zur Erde herrschen, und wenn ich für jedes Potential 8, 7, 6, 5, ... Volt eine Potentiallinie zeichne, muß ich die graphische Darstellung des elektrischen Feldes unserer Kugelkapazität mit der Erde erhalten. In Abb. 25 sind die gestrichelten Linien diese Potentiallinien für jedes Volt Spannungsabfall. Wenn nun die auf der Kugel angesammelten Elektronen von der Kugel herunter könnten (augenblicklich können sie das nicht, denn die umgebende Luft isoliert), würden sie senkrecht

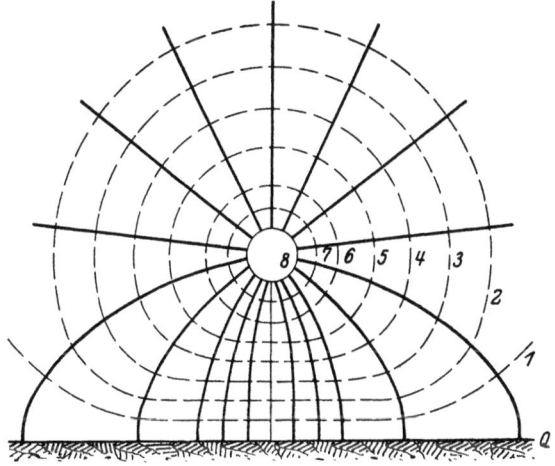

Abb. 25. Potentialbild Kugel gegen Erde.

zu den Niveaulinien von dem einen Potential zum anderen herunterfließen, sich also in der Richtung der Feldlinien bewegen. In unserer Zeichnung sind die Feldlinien als durchgezogene Linien eingezeichnet. Auf Grund der Relativität können wir die Verhältnisse so betrachten, als ob die Elektronen die Bewegung im Felde des negativen Überdrucks der Kugel machen oder wegen des positiven Unterdrucks der Erde (relativ zur negativ geladenen Kugel). In Anlehnung an die Ausdrucksweise der älteren Elektrizitätsauffassung sagt man noch häufig: die (zur Kugel) positive Platte (in unserem Beispiele die Erde) zieht die Elektronen an, da ungleichartige Ladungen sich anziehen. Wir betonen nochmals, die Elektronen bewegen sich nur in Richtung der Feldlinien, die Feldlinien sind direkt ihre Bewegungsbahnen.

Stellt man zwei Platten sich gegenüber, die verschiedene Potentiale besitzen, so erhält man für die Niveau- und Feldlinien das Bild der Zeichnung 26. Die Abbildung zeigt nur die eine Hälfte der Aufnahme, sie ist nach unten spiegelbildlich zu ergänzen. Wenn wir nun unsere Ladevorrichtung nicht als einzelnen Körper ausbilden, sondern, wie die Figur zeigt, als zwei sich gegenüberstehende Platten, so gewinnen wir einen großen Vorteil. Die Platten haben verschiedene Ladung, d. h. die eine Platte hat sehr viel weniger Elektronen in bezug auf ihre Oberfläche als die andere; bei der nahen Gegenüberstellung der beiden Platten werden durch das Feld zwischen den Platten ein Teil der abstoßenden Kräfte der Elektronen auf der negativen Platte gebunden, das heißt vulgär ausgedrückt, sie wollen gern in den elektronenfreien Raum der positiven Platte, wohin sie aber wegen der gegenseitigen Isolation der beiden Platten nicht können. Durch diese gegenseitige Bindung kann man bei gleicher Spannung viel mehr Elektronen auf die Platten bringen: ihre Kapazität ist gestiegen. Eine solche Anordnung, bei der sich zwei oder mehrere Belegungen durch eine Isolationsschicht getrennt gegenüberstehen, nennt man einen Kondensator (Abb. 27, 28). Ein solcher Kondensator hat das Einheitsfassungsvermögen, wenn er gerade bei 1 V Überspannung auf der einen Belegung 1 Coulomb mehr, auf der anderen Seite 1 Coulomb weniger als beim Nullpotential aufnimmt:

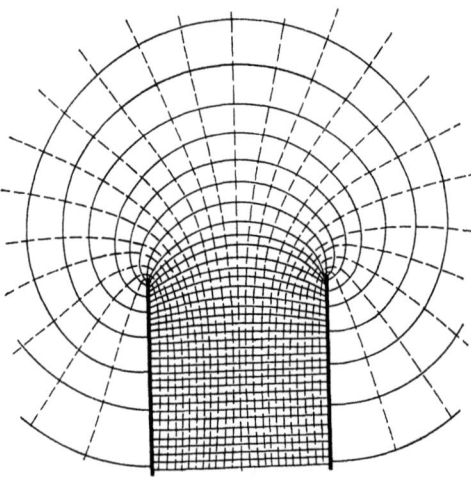

Abb. 26. Feld eines Plattenkondensators.

Einheit der Kapazität = 1 Farad = 1 F = 1 Coulomb bei 1 Volt.
Diese Einheit ist praktisch sehr groß, und man benutzt daher:

$$\frac{1}{1\,000\,000}\mathrm{F} = 1\,\mu\mathrm{F}\,.$$

Das elektrische Feld, der Kondensator.

In der Radiotechnik ist auch diese Einheit sehr groß, und daher hat sich in Deutschland eine noch kleinere Einheit eingebürgert. Man nimmt als Einheit die Elektronenaufnahmefähigkeit einer Kugel von 1 cm Halbdurchmesser, die frei im Raume steht (also keine Kondensatoranordnung). Man nennt diese

$$\text{Einheit} = 1 \text{ cm} = \frac{1}{900\,000}\,\mu\text{F}$$

oder ungefähr 1 cm $\approx 10^{-6}\,\mu$F.

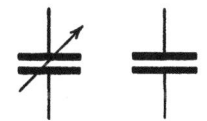

Abb. 27. Drehkondensator und Blockkondensator.

Bei einfachen Kondensatoranordnungen ist es nicht schwer, die Kapazität rechnerisch zu bestimmen; hierzu müssen wir uns darüber klar werden, welchen Einfluß die einzelnen Größen auf die Elektrizitätsanhäufung haben. Bei Vergrößerung der Flächen, die sich gegenüberstehen, wird die Kapazität wachsen; die oben angedeutete gegenseitige Bindung wird sich um so bemerkbarer machen, je geringer der Plattenabstand ist; die Erfahrung und die Theorie haben außerdem noch gezeigt, daß

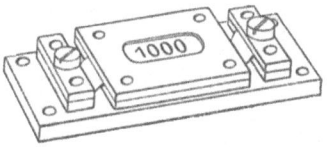

Abb. 28. Sigel für Dreh- und Blockkondensator.

von größtem Einfluß die Art des Isolationsmittels, des Dielektrikums, ist. Eine einfache Messung zeigt nämlich, daß durch das Einschieben irgendeines Isolationsmaterials die Kapazität eines Kondensators ganz bedeutend größer wird, so z. B. bei Verwendung von Glimmer auf das Siebenfache gegenüber Luft, bei Glas um das Fünffache, bei Petroleum um das Zweifache usf.

Diese Erscheinung findet wahrscheinlich ihre Erklärung in dem Verhalten der halbgebundenen Elektronen (Abb. 29). Die Figur soll ein ganz grobes und stark symbolisiertes Bild des Vorganges geben. Die schraffierten Ränder mögen die auf verschiedenen Potentialen befindlichen Kondensatorplatten sein, die Kugeln zwischen ihnen die nur in der Zeichnung so gedrängt und regelmäßig liegenden Materialatome des betreffenden Dielektrikums sein. Bei einem Isolator finden wir die halbgebundenen Elektronen, die bei einem nicht geladenen Kondensator nicht so geordnet im Raum wie bei der Zeichnung liegen. Werden nun aber die beiden Platten unter Spannung gesetzt, so werden die an die Atome gebundenen Elektronen gerichtet, wie es aus der Zeichnung ersichtlich ist. Man sieht ein, daß zur Wirkung nach außen nur die Elektronen kommen, die auf den Atomen an den Belegungsgrenzen sitzen, da im Innern die Wirkungen sich gegenseitig binden: Die Einführung des Dielektrikums wirkt wie eine Verringerung des Plattenabstandes. Man nennt diese Einwirkung eines elektrischen Feldes auf ein Dielektrikum die dielektrische Polarisation. Da bei den verschiedenen Dielektriken die Zahl der halbgebundenen Elektronen und ihre innere Reibung im Atomgefüge verschieden ist, ist auch dieser Einfluß der dielektrischen Polarisation auf die Kapazität ein verschieden großer. Man drückt dies durch einen mittels Versuch zu bestimmenden Zahlenfaktor aus:

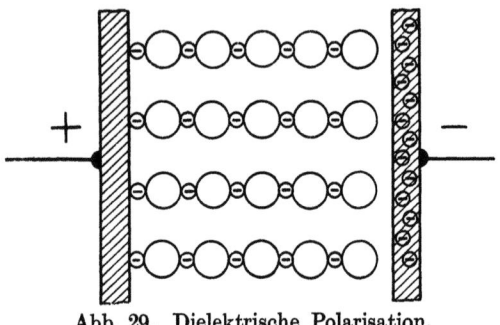

Abb. 29. Dielektrische Polarisation.

Dielektrizitätskonstante $= \varepsilon$.

Berücksichtigt man nun alle diese aufgezählten Einflüsse, so erhält man eine einfache Formel zur Berechnung der Kapazität eines Plattenkondensators:

$$C = \varepsilon \cdot \frac{F}{12 \cdot d} \tag{10}$$

worin:

$C =$ Kapazität in cm,
$F =$ **Berührungsfläche der beiden Platten in qcm**,
$d =$ **Plattenabstand in cm**,
$\varepsilon =$ Dielektrizitätskonstante (aus Tabellen).

Die Endkapazität eines Drehkondensators erhalten wir dadurch, daß wir folgende Formel anwenden:

$$C = \varepsilon \cdot \frac{(n-1)\, r^2}{8\, d} \tag{10a}$$

$n =$ **Zahl der festen und der Drehplatten**,
$r =$ **Halbmesser der Drehplatten in cm**,
$d =$ Luftabstand zwischen festen und Drehplatten.

Man hat häufig die Möglichkeit, mehrere Kondensatoren zusammenzuschalten, wie errechnet man dann die Gesamtkapazi-

Das elektrische Feld, der Kondensator. 27

tät? Da die Kapazität abhängig von der Oberfläche ist, wird es einem jeden einleuchtend sein, daß bei einer Nebeneinanderschaltung die Kapazitäten sich addieren, denn wir vergrößern ja für den hineinfließenden Strom nur die ihm zur Verfügung stehende Oberfläche (Abb. 30). Wir erhalten die Formel:

Parallelschaltung:
$$\boxed{C = C_1 + C_2 + C_3 + }\qquad (11)$$

Bei der Hintereinanderschaltung ist die Gesamtkapazität von der Größe des kleinsten Kondensators bestimmt, denn sein Fassungsvermögen beeinflußt die Stromaufnahme; außerdem liegen an den einzelnen Kondensatoren nur Teilspannungen und nicht die Gesamtspannung, so daß die aufgenommene Elektrizitätsmenge auch hierdurch verkleinert wird. Die Rechnung ergibt (Abb. 31):

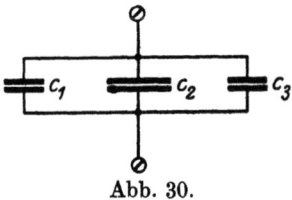

Abb. 30. Kondensatoren parallel.

Reihenschaltung:
$$\boxed{\frac{1}{C} = \frac{1}{C_1} + \frac{1}{C_2} + \frac{1}{C_3} + }\qquad (12)$$

Wir haben gesehen, daß der Kondensator für Gleichstrom undurchlässig ist, denn der Kondensator läßt nur die Aufladung

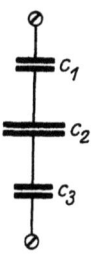

Abb. 31. Kondensatoren hintereinander.

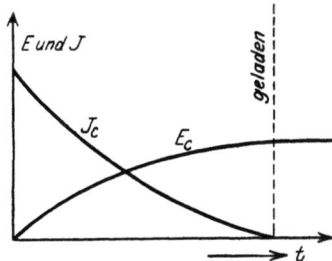

Abb. 32. Ladestrom und Gesamtspannung beim Kondensator.

der einen Platte mit Elektronen unter Fortführung der gleichen Anzahl Elektronen von der anderen Platte zu. Betrachten wir also Ladespannung und Ladestrom am Kondensator, so bekommen wir folgendes Bild (Abb. 32). Der Kondensator ist leer, seine Spannung gleich Null und der in ihn hineinfließende Strom hat seinen Höchstwert; im Verlauf der Ladung steigt die Kondensatorgegenspannung (Elektronendruck) und der Ladestrom wird infolgedessen immer geringer, bis endlich die Kondensatorgegenspannung so groß ist wie die Ladespannung und keine Elektronen mehr hineingedrückt werden: der Kondensator ist geladen, der Ladestrom wird Null. Legen wir also eine Gleichspannung an einen Kondensator, so zeigt ein im Stromkreis liegendes Milliamperemeter nur einen kurzen Ausschlag, den Ladestrom, von einem Bruchteil einer Sekunde und dann ist der Stromkreis blockiert. In Stromkreisen finden wir daher häufig solche Blockkondensatoren zur Blockierung.

Bei Wechselströmen liegen die Verhältnisse aber anders, denn hier werden die Belegungen ja dauernd mit verschiedenen Ladungen versehen, wie der Strom selbst fortgesetzt seine Richtung ändert. Aus dem ersten Ladestrom wird ein Entladungsstrom, der dann in einen entgegengesetzt gerichteten Ladestrom übergeht usf., es fließt also auch Wechselstrom durch den Kondensator, der aber gegen die Spannung verschoben ist, denn zuerst fließt der Ladestrom und dann erst erreicht die Kondensatorspannung ihren Höhepunkt. **Ein Kondensator läßt also Wechselstrom hindurch!** Man könnte den Kondensator in einem mechanischen Beispiel vergleichen mit der Anordnung der Abb. 33. Ein durch eine elastische Membrane geteiltes Gefäß besitzt zwei Anschlußstutzen. Auf der einen Seite wird Preßluft hineingeblasen und dann wieder Luft herausgesaugt in gleichmäßigem Wechsel; die Membran wird sich dann durchbiegen, die Schwingungen mitmachen, in der anderen Kammer die Luft verdichten und verdünnen, und somit den Luftwechselstrom weitergeben, ohne daß das geringste Luftquantum von links nach rechts hinüberkommt.

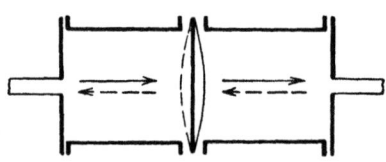

Abb. 33. Mechanisches Beispiel für die Kondensatorwirkung.

Es ist leicht verständlich, daß der scheinbare Widerstand eines Kondensators für Wechselstrom um so geringer (der Lade- oder Verschiebungsstrom) ist, je größer der Kondensator ist. Die übertragene Leistung wird außerdem bei gleicher Spannung um so größer sein, je schneller die Ladungen und Entladungen sich folgen, je mehr Schwingungen die „elektrische Membran" ausführt. Die Rechnung ergibt, daß man bei Wechselstrom den scheinbaren Widerstand eines Kondensators sogar in Ohm durch die Formel ausdrücken kann:

$$\boxed{R_c = \frac{1}{2 \cdot \pi \cdot f \cdot C}}, \qquad (13)$$

worin:
$R_c =$ scheinbarer Widerstand in Ohm,
$\pi = 3{,}14$,
$C =$ Kapazität in Farad,
$f =$ die Zahl der sekundlichen Perioden.

Unter der Periodenzahl oder Frequenz versteht man bei einer periodischen Erscheinung, wie es der Wechselstrom ist, die Zahl der vollen Schwingungen, die in einer Sekunde ausgeführt werden. Bei dem Wechselstrom der meisten Lichtnetze haben wir einen Strom von 50 Perioden in der Sekunde. Für einen solchen Wechselstrom wäre der scheinbare Widerstand eines $1\,\mu$F-Kondensators, wie er häufig in der Leitungstelephonie gebraucht wird,

$$R_c = \frac{1}{314 \cdot 1 \cdot 10^{-6}} = \frac{1\,000\,000}{314} = 3\,200\ \Theta.$$

Nehmen wir aber einen Kondensator von 1000 cm, wie er in der Drahtlosen gebraucht wird, so wird dessen Widerstand:

$$R_c = \frac{1}{314 \cdot 1000 \cdot 10^{-12}} = \frac{1\,000\,000\,000}{314} = 3\,200\,000\ \Theta,$$

also erheblich größer als der des $1\,\mu$F-Kondensators. Bei den schnell wechselnden Hochfrequenzströmen der drahtlosen Telegraphie ist, wie wir später sehen werden, der Widerstand sehr viel geringer.

4. Das magnetische Feld, die Induktionsspule.

Das Kapitel 3 zeigte, wie durch die Vermittlung des Äthers die ruhenden Elektronen in der Lage sind, durch die geheimnisvollen Gesetze der Abstoßung ein **elektrisches Feld** aufzubauen, wie jedes Elektron Anfangspunkt einer elektrischen Feldlinie ist, die dann in ihrer Gesamtzahl die einzelnen, geladenen Körper verbinden. Das elektrische Feld ist die äußere Erscheinung der ruhenden Elektronen; wir werden nun im Verlauf dieses Kapitels

30 Die physikalischen Grundlagen der Radiotechnik.

die Äußerung der sich bewegenden Elektronen kennenlernen. Im Kapitel 2 hatten wir uns mit den Gesetzen der fließenden Elektrizität beschäftigt; wir hatten den elektrischen Strom betrachtet als den Zusammenschluß einer großen Anzahl von Elektroden, die unter dem Einfluß einer Spannung in einem Leiter zum Fließen kommen.

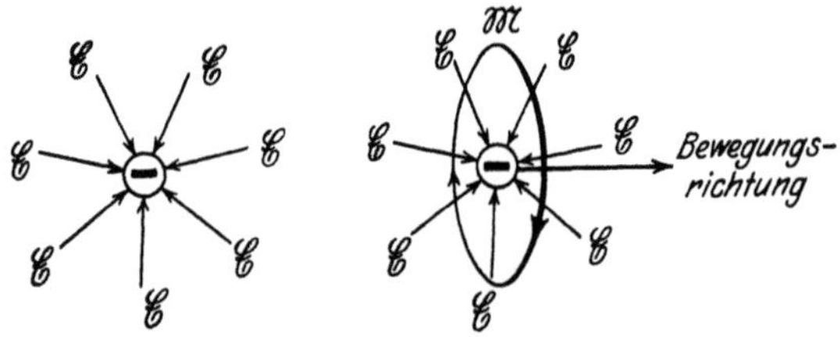

Abb. 34. Elektron und Äther.

Es zeigt sich nun, daß ein jedes sich bewegende Elektron in dem umgebenden Äther eine eigentümliche Störung hervorruft, daß jedes sich bewegende Elektron von einem magnetischen Felde umgeben ist (Abb. 34). Dieses magnetische Feld äußert sich durch zwei Erscheinungen: Sobald die Feldlinien dieses Feldes einen zweiten Leiter schneiden, erzeugen sie in ihm eine elektrische Spannung, die, wenn der leitende Stromkreis geschlossen ist, einen neuen Strom zum Fließen bringt. Zweitens gibt das magnetische Feld den „magnetischen" Materialien wie Eisen, Nickel, Kobalt die

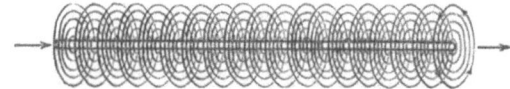

Abb. 35. Magnetische Kraftlinien um einen stromführenden Leiter.

Fähigkeit, anziehende Kräfte aufeinander auszuüben. Also noch einmal zusammengefaßt: Ein elektrischer Strom macht magnetische Substanzen in dem Bereich seines Feldes magnetisch und seine magnetischen Kraftlinien erzeugen bei ihrem Schnitt mit sich bewegenden Leitern in diesen Ströme.

Das magnetische Feld eines Stromes kann man auch graphisch darstellen. Abb. 35 zeigt das magnetische Feld eines geraden Leiters in perspektivischer Darstellung und Abb. 36 gibt einen

Schnitt senkrecht zur Leiterachse; man sieht bei dieser experimentell gewonnenen Aufnahme gut die kreisförmigen Feld- oder Kraftlinien. Biegen wir den Leiter zu einer Schleife zusammen, so erhalten wir das Bild der Skizze Abb. 37 und der Versuchsaufnahme Abb. 38 bei der Darstellung auf einer horizontalen Schnittebene. Fügen wir mehrere solcher Schleifen zu einer Spule zusammen, so erhalten wir das Magnetfeld nach Abb. 39 im Schnitt. Man sieht, daß im Inneren der

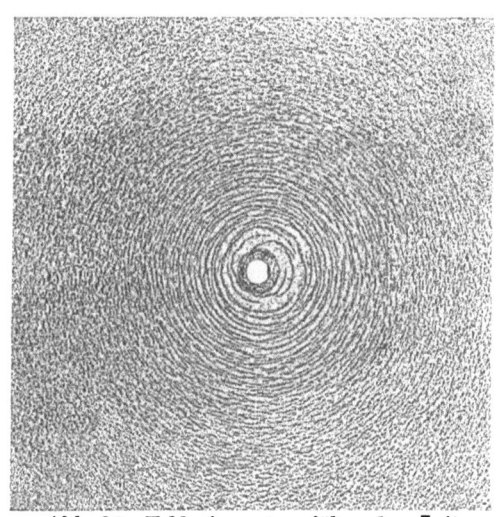

Abb. 36. Feld eines stromführenden Leiters.

Spule das Feld einen recht gleichförmigen (homogenen) Verlauf hat, die Kraftlinien laufen fast parallel. Würde man in diese Spule einen Eisenkern bringen, so würde dieser magnetisch werden, und es zeigt sich außerdem, daß die magnetischen Stoffe eine besonders gute „Leitfähigkeit" für die Feldlinien haben, denn die Zahl der Linien steigt ganz bedeutend, in der Spule herrscht eine größere magnetische „Durchflutung".

Wenn man das Magnetfeld nun nicht bei Gleichstrom, sondern bei Wechselstrom oder wenigstens bei veränderlichem Strome untersucht, so beobachtet man, daß bei Entstehen des Stromes das Feld

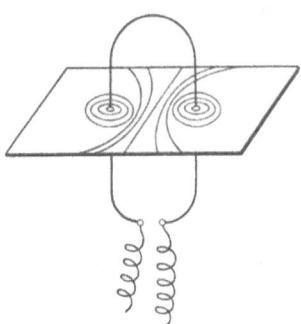

Abb. 37. Skizze des Magnetfeldes einer Leiterschleife.

erst aufgebaut wird, und zwar mit einer gewissen Trägheit. Die Kraftlinien quellen ringförmig aus dem Drahtquerschnitt heraus, dehnen sich aus, bis sie den der Stromstärke entsprechenden Bereich erhalten haben. Bei dem Zurückgehen des Stromes ziehen die Kraftlinien sich wieder zusammen und verschwinden

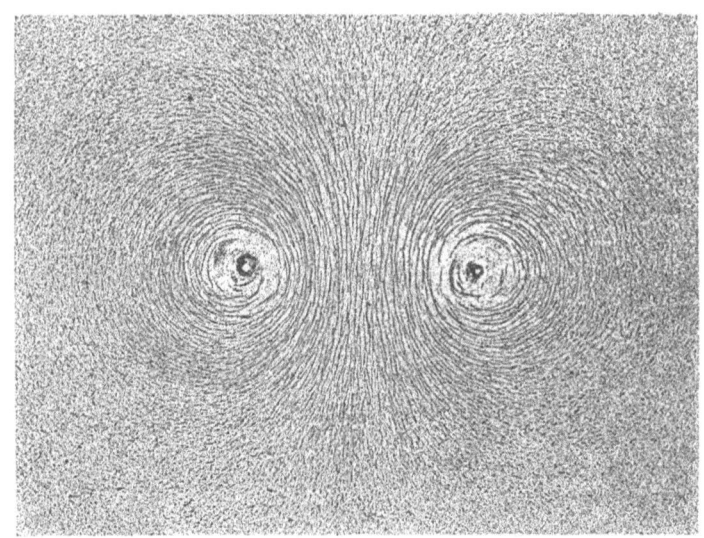

Abb. 38. Magnetfeld einer Leiterschleife.

scheinbar im Drahtquerschnitt. Schicken wir somit durch eine Spule einen Wechselstrom, so ist im Takt mit der Periodenzahl des Wechselstromes das Feld in ständiger Bewegung, es dehnt sich aus und zieht sich zusammen: f mal in der Sekunde.

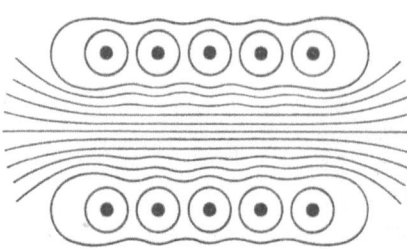

Abb. 39. Schnitt durch das Magnetfeld einer Spule.

Als Eigenschaft des Magnetfeldes war schon genannt worden die Spannungserzeugung in einem fremden Leiter. Hierbei ist zu beachten, daß Feld und Leiter in gegenseitiger Bewegung sich befinden müssen. (Für den Vorgeschritteneren möchte ich bemerken, daß ich absichtlich hier die alte Vorstellungsweise im Gegensatz zur exakten Formulierung benutze.) Es müssen also entweder die Kraftlinien

Das magnetische Feld, die Induktionsspule. 33

durch den Leiter hindurchbewegt werden, oder der Leiter muß durch das Kraftfeld hindurchgehen.

Der erstere Fall liegt vor, wenn man einen Magneten an dem Leiter vorbeibewegt oder wenn ein Wechselfeld, daß ja aus sich dauernd ausdehnenden und wieder zusammenziehenden, also sich bewegenden Feldlinien besteht, auf einen Leiter wirken kann. Es wird also entweder bei jedem Passieren ein Stromstoß in dem Leiter erregt oder sogar ein Wechselstrom.

Bei der zweiten Möglichkeit muß der Leiter durch ein ruhendes Feld hindurchgeführt werden; solange es sich bewegt und immer neue Kraftlinien schneidet, wird in ihm eine Spannung erzeugt werden. Man nennt diese Erscheinung der Spannungserregung in einem Leiter durch ein Magnetfeld: **Magnetinduktion**, es wird eine Spannung **induziert** (Abb. 40).

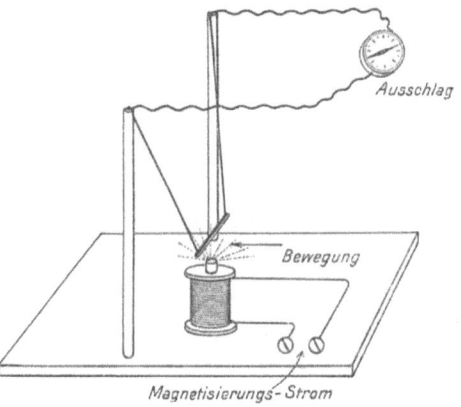

Abb. 40. Versuchsaufbau für den Nachweis der Magnetinduktion.

Das Gesetz der Magnetinduktion gibt also den Zusammenhang zwischen Bewegung, induziertem Strom und Stärke des Magnetfeldes. Es liegt nun sehr nahe, eine Umkehrung des Gesetzes zu bilden. Es soll z. B. nicht durch die Bewegung des Leiters ein Strom induziert werden, sondern es soll ein von Strom durchflossener Leiter in einem Magnetfeld einen Bewegungsimpuls erhalten. Dies würde bedeuten, daß in der Abb. 40 an der Stelle des Meßinstrumentes eine Stromquelle sitzt, und daß dann der Leiter selbsttätig durch das Feld hindurchbewegt wird. In der Tat ist dies auch der Fall, ein jeder kennt den Versuch von der Umkehrung der Dynamomaschine in den Elektromotor. Bei beiden Formen des Gesetzes von der Magnetinduktion ist aber immer zu beachten, daß die drei Größen: Feldlinien, Leiter, Bewegung **senkrecht** zueinander stehen: z. B. Feldlinien von unten nach oben (siehe Abb. 40),

Leiter von vorn nach hinten und Bewegung parallel zur Zeichenebene.

Eine Anwendung der Eigenschaften des magnetischen Feldes bildet das Telephon. Schicken wir einen Wechselstrom durch eine Spule, deren Feld durch einen Eisenkern verstärkt ist, und stellen wir dieser Spule eine Membran aus dünnem Eisenblech gegenüber, so wird jedesmal, wenn der Strom in der Spule ansteigt und durch das sich ausbildende Feld der Kern magnetisch

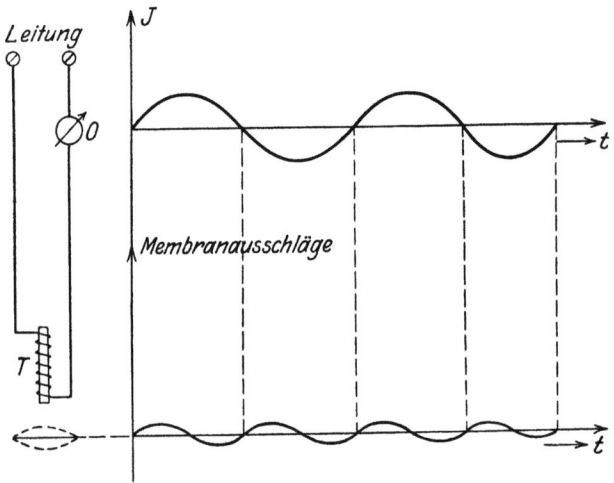

Abb. 41. Strom-Schallumformung in einem Telephon ohne Magnetkern.

wird, die Membran angezogen und bei Stromschwächung wieder losgelassen werden. Eine zeichnerische Darstellung des Versuches gibt Abb. 41. O ist ein Instrument, das uns den Verlauf des Wechselstroms, wie die nebenstehende Kurve von zwei Perioden zeigt, aufzeichnet, und T ist die Telephonanordnung. Man sieht, daß beim Anschwellen des Stromes die Membran angezogen, beim Absinken des Stromes losgelassen wird und dann noch wegen ihrer Elastizität über die Ruhelage hinaus in die andere Grenzlage schwingt. Wollen wir diese Anordnung als Telephon, also als Übersetzer von elektrischen Schwingungen in akustische, benutzen, so machen wir die betrübliche Bemerkung, daß die Membran ja doppelt so viel Schwingungen ausführt, als der Wechselstrom besitzt; entspräche also der Wechselstrom durch seine Periodenzahl genau der Schallfrequenz des musikalischen Tones $\overline{a}$ mit 435 Schwingungen in der Sekunde, so würde die Telephonmembran das Doppelte, also 870 Schwingungen in der Sekunde ausführen, der in der Luft von ihr erregte Ton würde eine Oktave höher liegen und dem $\overline{\overline{a}}$ entsprechen.

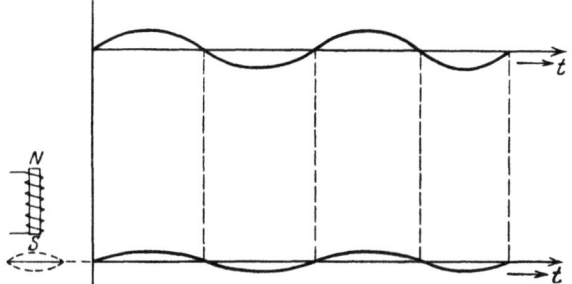

Abb. 42. Strom-Schallumformung in einem Telephon mit Magnetkern.

Um diesem Übelstande abzuhelfen und außerdem auch gleichzeitig um die Empfindlichkeit zu erhöhen, versieht man die Telephone nicht mit einem Eisenkern, sondern mit einem schon vormagnetisierten Stahlkern. Es herrscht dann eine gewisse Vorspannung, das vorhandene Feld des Kernmagneten wird durch das zusätzliche der Spule nur geschwächt und verstärkt, so daß die Membran bei der einen Hälfte der Wechselstromperiode angezogen (Strommagnetismus unter-

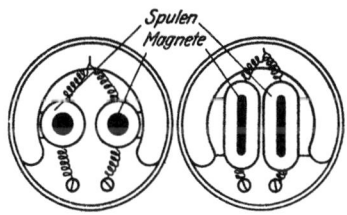

Abb. 43. Schema eines Telephons.

stützt den Kernmagnetismus), bei der anderen losgelassen wird (Strommagnetismus schwächt den Kernmagnetismus). Jetzt sind die Schwingungszahlen des Wechselstromes und der Membran gleich, wir haben eine einwandfreie Strom/Schall-Umwandlung (Abb. 42). Eine stark schematisierte Abbildung des Aussehens eines modernen Telephons gibt die Abb. 43. Man sieht hieraus, wie zur Verstärkung des ständigen Magnetfeldes die aus beiden Magnetenden austretenden Feldlinien benutzt werden, der Magnet also hufeisenförmig zusammengebogen ist. Aus Symmetriegründen ist dann die Spule für den Sprechwechselstrom in zwei Spulen auf den Magnetenden geteilt worden.

Einer der ersten Versuche aus der Magnetinduktion war folgender. Man schickte durch eine Spule einen Wechselstrom und ließ das Magnetwechselfeld dieser Spule auf eine zweite Spule wirken. Man wird die eine Spule zweckmäßig in die andere setzen (Abb. 44). Wir betrachten einmal eine Periode des durch die Innenspule fließenden Stromes. Beim Anstieg der Stromstärke quellen die Kraftlinien aus der Spule heraus und durchsetzen hierbei die Leiter der äußeren Spule, induzieren dort also eine Spannung, deren Verlauf vollkommen dem Strom in der ersten Spule ähnelt. Zur Vereinfachung der Bezeichnungen wollen wir nennen:

Abb. 44. Lufttransformator.

1. Spule = **Primärspule**
2. Spule = **Sekundärspule**

Durch den primären Wechselstrom wird also ein sich dauernd ausdehnendes und wieder zusammenziehendes Feld erzeugt, das in der Sekundärspule eine Wechselspannung nach dem Gesetz der Magnetinduktion induziert. Eine solche Anordnung heißt **Transformator**. Ein Transformator ist nach diesen Ausführungen in der Lage, Ströme nur mit Hilfe des magnetischen Feldes zu übertragen. Da nun das Feld der Primärspule nicht bei seiner Bewegung nur einen Leiter, sondern eine ganze Sekundärspule schneidet, ist für die induzierte Spannung folgende Regel zu merken, für den Fall, daß Primär- und Sekundärspule verschiedene Windungszahlen haben:

Die Spannungen verhalten sich wie die Windungszahlen!

$$\boxed{\frac{E_p}{E_s} = \frac{Z_p}{Z_s}} \qquad (14)$$

$Z =$ **Windungszahl**

Das magnetische Feld, die Induktionsspule. 37

Haben wir primär 10 Windungen und sekundär z. B. 1000 Windungen, so würde bei einer Primärspannung von 100 V an den Enden der Sekundärspule eine Spannung von 100·100 V entstehen, also $E_s = 10000$ V. Betrachten wir aber die Leistungen, so müssen diese auf beiden Seiten, wenn wir von Verlusten absehen, gleich sein, auf keinen Fall kann die Sekundärleistung größer sein als die primär aufgenommene Leistung. Ist bei unserem Transformatorbeispiel der primäre Stromverbrauch 5 A, so ist die Primärleistung 5 A × 100 V = 500 W. Die Sekundärleistung kann höchstens auch nur 500 W sein, also ist der Sekundärstrom gleich $\dfrac{500\ W}{10000\ V}$ also nur 0,05 A. Man sieht hieraus, daß in dem gleichen Verhältnis wie sich die Spannungen vergrößert haben, die Ströme kleiner werden. Es folgt also die zweite Regel:

$$\boxed{\dfrac{J}{J_s} = \dfrac{Z_s}{Z_p}} \qquad (15)$$

In dem Transformator wird die Energie von dem primären Gliede nach dem sekundären Gliede durch eine Kopplung übertragen. Unter Kopplung versteht man allgemein in der Schaltungslehre ein Schaltglied, das gleichzeitig in zwei Kreisen liegt, Energie von dem einen in den anderen überträgt und selbst aber nur die Differenz der Leistungen in beiden Kreisen führt. Im Transformator haben wir eine magnetische oder induktive Kopplung. Man könnte ebensogut durch eine geschickte Anordnung das elektrische Feld als Kopplungsmittel benutzen, man erhält dann eine kapazitive Kopplung.

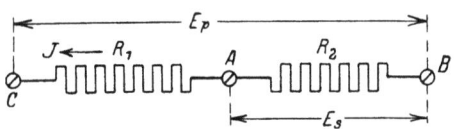

Abb. 45. Galvanische Kopplung.

Man erhält außerdem eine etwas abweichende Kopplungsart durch eine Schaltung nach Abb. 45. An die in Reihe geschalteten Widerstände R_1 und R_2 wird die Spannung E_p gelegt, die den Strom J fließen läßt. Es entsteht dann an dem Widerstand R_2 ein Spannungsabfall von der Größe $E_s = J \cdot R_2$. Ich gewinne somit an den Klemmen A, B eine Spannung E_s, die verschieden von E_p ist, ich erhalte eine Spannungstransformation. Man nennt diese Kopplungsart galvanisch (Abb. 46). Macht man nun

38   Die physikalischen Grundlagen der Radiotechnik.

bei der galvanischen Kopplung die Anzapfung A verschiebbar, so kann man die Spannung E_s verändern, und zwar von O bis E_p (zuerst $A = B$, dann $A = C$). Durch diese Potentiometeranordnung können wir eine Spannung ganz sprunglos ändern (Abb. 47).

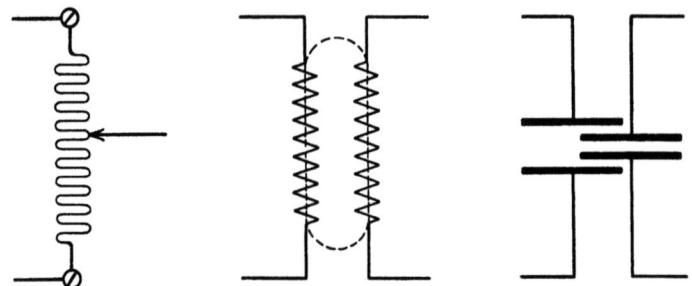

Abb. 46. Galvanische, magnetische und kapazitive Kopplung.

Die Wirkungsweise eines Transformators kann man erheblich steigern, wenn man die Durchflutung, das war die Feldlinienzahl, durch die Einbringung eines Eisenkerns erhöht. Die Wirkung steigt bei Wechselströmen mit langsamer Frequenz auf das Mehrhundertfache. Das Eisen macht die Kopplung fester. Eine Kopplung ist dann fest, wenn durch Verengung des Kopplungsraums oder durch sonstige Unterstützung der Kopplungswirkung relativ viel Energie in den Sekundärkreis übertragen wird.

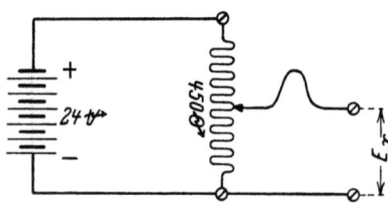

Abb. 47. Potentiometerschaltung.

Es zeigt sich nun leider, daß die Magnetisierung eines Eisenkerns nicht verlustfrei ist, sondern daß jede Ummagnetisierung einen gewissen Leistungsverlust mit sich bringt. Diese Verluste steigern sich mit der Frequenz, es kommen außerdem noch andere Verlustströme hinzu, so daß bei schnelleren Frequenzen, wie sie in der drahtlosen Technik viel gebraucht werden, die Verluste den Gewinn durch den Eisenkern vielmals übersteigen, so daß man ganz auf Eisenkerne verzichtet. Bei mittleren Frequenzen hilft gegen die Verlustströme eine Unterteilung des Eisens und gegen die Ummagnetisierungsverluste die Verwendung besonderer

Eisensorten. Man benutzt deshalb für Niederfrequenztransformatoren Kerne aus dünnen Blechen von hochlegiertem Eisen.

Bei dem Aufbau eines Transformators benutzten wir eine primäre, induzierende Spule, deren auf- und abwogendes Feld die Windungen einer zweiten Spule schnitt. Es ist leicht vorstellbar, daß die hervortretenden und zurückweichenden Feldlinien auch die Windungen der eigenen Spule schneiden und sich selbst induzieren. Es wird auch bei jeder Stromänderung in der eignen Spule durch diese Selbstinduktion eine Spannung und damit ein Selbstinduktionsstrom induziert werden. Schon beim Einschalten eines Gleichstroms machen wir diese Bemerkung, ebenso beim Ausschalten (Aufbau und Abbau des Magnetfeldes). Der Aufbau eines Feldes bedeutet einen gewissen Energieaufwand,

Abb. 48. Stromverlauf in einem Kreis mit Selbstinduktion.

daher wird beim Einschaltvorgang der Strom nicht seinen Höchstwert sofort erreichen, sondern erst nach einer gewissen Zeit, wenn das Feld vollkommen ausgebaut ist; beim Ausschalten aber bedeutet das noch vorhandene Feld einen Energievorrat, der den Strom beim Verschwinden noch zu unterstützen sucht (Abb. 48). (Beim Ausschalten schneiden die sich zusammenziehenden Feldlinien den Leiter.)

Im Gegensatz zum Kondensator haben wir bei einer Spule also nacheilenden Strom.

Der Einfluß wird natürlich um so größer werden, je mehr Windungen von den eignen Kraftlinien geschnitten werden können und je enger die Windungen liegen. Wir bezeichnen:

Selbstinduktion = L.

Es ist allgemein die Selbstinduktion einer Spule abhängig von:

$$\boxed{L \text{ abhängig von } \frac{Z^2 \cdot D^2}{l},} \tag{16}$$

worin:
Z = Windungszahl,
D = Spulendurchmesser,
l = Spulenlänge.

Für die Messung von Selbstinduktivitäten ist eine Einheit in folgender Form gebildet worden. Man betrachtet diejenige Spule als Einheitsspule, an deren Enden eine Selbstinduktionsspannung von 1 Volt entsteht, wenn die Stromänderungsgeschwindigkeit 1 Ampere in der Sekunde beträgt. Diese Einheit heißt:

Einheit der Selbstinduktion = 1 Henry = 1 H.

Für die Messungen der drahtlosen Telegraphie ist diese Einheit zu groß, man rechnet dort häufig mit:

$$\begin{aligned} 1 \text{ cm} &= 10^{-9} \text{ H} \\ 1000 \text{ ,,} &= 1 \; \mu\text{H} \\ 1\,000\,000 \text{ ,,} &= 1 \text{ mH} \end{aligned}$$ (Nicht mit Kapazitätseinheit zu verwechseln!!) (Abb. 49, 50).

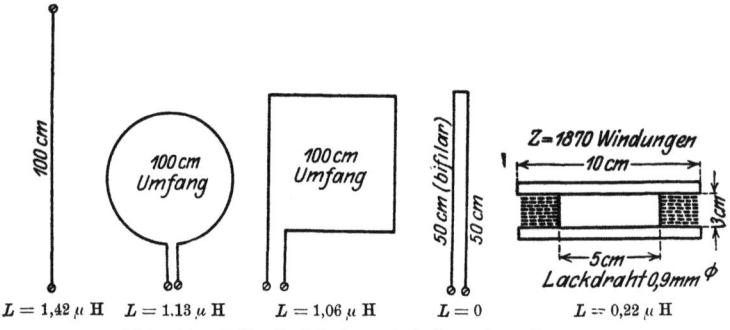

Abb. 49. Selbstinduktion einfacher Anordnungen.

Wir haben oben die Wirkung einer Selbstinduktion nur für Schaltvorgänge bei Gleichstrom betrachtet, denn bei reinem Gleichstrom ist von einer Selbstinduktionswirkung nichts zu merken (ruhendes Feld!). Für einen Wechselstrom aber, bei dem fortgesetzt die Stromstärke schwankt, muß die Selbstinduktion ganz besonders hervortreten. Je schneller die Frequenz ist, also bei hoher Wechselzahl in der Sekunde, um so häufiger wird das Feld auf- und abgebaut, der Strom hat wegen der Energieentziehung durch den zeitfordernden Feldaufbau unter Umständen gar nicht Gelegenheit, seinen Höchstwert, den er als Gleichstrom erreichen würde, zu erreichen. Die Selbstinduktion wirkt also

Das magnetische Feld, die Induktionsspule. 41

wie eine **Widerstandserhöhung**! Diese Widerstandserhöhung wird um so fühlbarer werden, je schneller die Perioden sich folgen, je höher die Frequenz ist. Es kommt also bei Wechselstrom zu dem Gleichstromwiderstand bei Spulen noch der von der Frequenz abhängige Selbstinduktionswiderstand hinzu. Man kann den letzteren in Ohm ausdrücken:

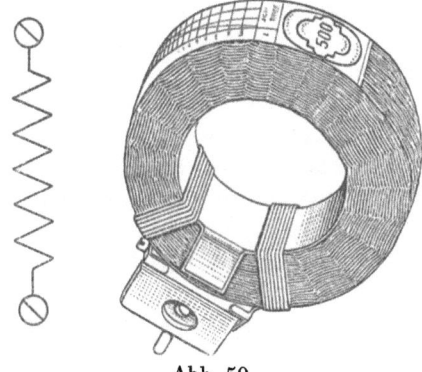

Abb. 50.
Die Induktionsspule und ihr Sigel.

$$R_l = 2\pi f L, \qquad (17)$$

worin:
R_l = Selbstinduktionwiderstand einer Spule,
π = 3,14,
f = Frequenz in Perioden in der Sekunde,
L = Selbstinduktion in Henry.

Bei Netzstrom von 50 Perioden in der Sekunde hat also eine Spule von 5 H einen reinen Selbstinduktionswiderstand von:

$$R_l = 6{,}28 \cdot 50 \cdot 5 = 1570 \,\Omega,$$

der sich in besonderer Weise noch zu dem Gleichstromwiderstand hinzuaddiert.

Die Selbstinduktion einer Spule hängt hauptsächlich von der Windungszahl ab. Man kann L also ändern, indem man bei einer solchen Spule die Windungen mit einem Schieber abgreift, wie es bei den zahlreichen Konstruktionen der Schiebespulen geschieht (Abb. 51). Eine gleiche, aber mehr sprunghafte Wirkung

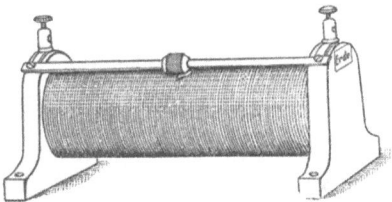

Abb. 51. Schiebespule.

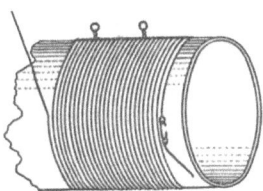

Abb. 52. Anzapfspule.

erreicht man durch die Benutzung von Anzapfspulen (Abb. 52). Eine ganz gleichmäßige Änderung erreicht man durch das Prinzip der Klappspulen. Da die Abhängigkeit von der Windungszahl im Quadrat erfolgt, hat eine Spule von 20 Windungen eine größere Induktivität als zwei Spulen mit je 10 Windungen. Sind diese beiden Spulen sehr weit voneinander entfernt oder stehen ihre Achsen senkrecht zueinander, dann wirken sie wie Einzelspulen. Nähert man sie aber einander oder dreht man sie so, daß die Achsen parallel werden, dann kommen sie allmählich bei der Annäherung der Form einer einzigen Spule von der Summenwindungszahl immer näher. Es ist zu beachten, daß für

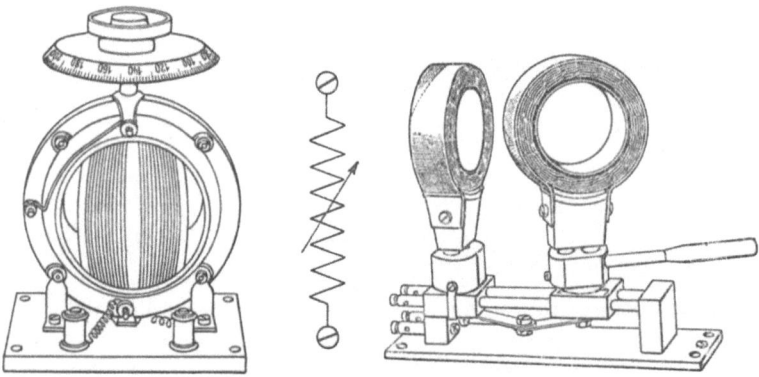

Abb. 53. Der Selbstinduktionsvariator und sein Sigel.

Abb. 54. Klappspulen.

die größte Selbstinduktion bei parallelen Achsen die Spulen gleichen Windungssinn haben müssen, sonst würde ja die eine Spule mit ihrem entgegengerichteten Felde das Feld der anderen aufheben. Bei entgegengesetztem Windungssinn haben wir die kleinste Selbstinduktion. Dieses Prinzip findet seine Anwendung in den Drehspulen (Abb. 53) und in den Klappspulen (Abb. 54).

Ändert man nach dem oben angegebenen Prinzip der Verdrehung oder der Entfernung die gegenseitige Spulenstellung, so tut man im Grunde nichts anderes, als daß man die eine Spule aus dem Feld der anderen Spule entfernt oder sie hineintaucht. Wir ändern also die gegenseitige Kopplung. Durch die im vorangehenden Abschnitt zuletzt angegebenen Anordnungen können wir also auch die gegenseitige Kopplung zweier Kreise ändern. In der

Parallelstellung oder beim Zusammenklappen haben wir feste Kopplung, im andren Falle lose Kopplung. Es dürfen dann aber die beiden die Kopplung bildenden Spulen nicht leitend miteinander verbunden sein.

Hat man mehrere Selbstinduktionsspulen schaltungsmäßig miteinander zu verbinden, so lassen sich auch hier Formeln für die Gesamtinduktivität angeben. Es ist darauf zu achten, daß bei diesen Berechnungen nur dann richtige Werte herauskommen, wenn bei dem Versuch die Spulen so gestellt werden, daß sie sich gegenseitig nicht beeinflussen, daß sie ausgekoppelt sind.

Bei der Hintereinanderschaltung und auch bei der Parallelschaltung erhält man für die Gesamtselbstinduktion ähnliche Formeln wie bei der Zusammenschaltung rein Ohmscher Widerstände (Abb. 55):

Reihenschaltung:
$$\boxed{L = L_1 + L_2 + L_3 + \ldots} \quad (18)$$

(Abb. 56) Parallelschaltung:
$$\boxed{\frac{1}{L} = \frac{1}{L_1} + \frac{1}{L_2} + \frac{1}{L_3} + \ldots} \quad (19)$$

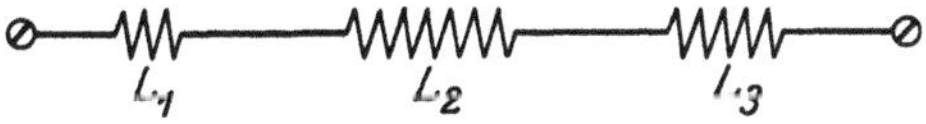

Abb. 55. Induktivitäten hintereinander.

5. Die Erzeugung des elektrischen Stromes.

Da der elektrische Strom eine Energieform darstellt, kann seine Erzeugung nichts anderes sein als eine Energieumformung. Nach dem Energieprinzip kann Energie nur aus Energie gewonnen werden, ein Perpetuum mobile, das aus nichts dauernd Arbeit leistet, ist eine physikalische Unmöglichkeit. Energieformen, die die Natur uns bietet, sind die Wärme der Sonnenstrahlung und des Erdinnern, die mechanische Energie des fließenden Wassers und des Windes und die chemischen Energien der Stoffe im Erdboden. Alle unsere Maschinen sind nur Energie-

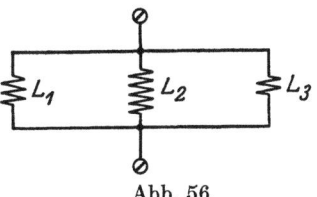

Abb. 56. Induktivitäten nebeneinander.

umformer; die Dampfmaschine formt die Energie der Wärme in mechanische Leistung um, die Wasserturbine gibt uns aus der Wasserkraft mechanische und durch die angekuppelte Dynamo elektrische Energie usf. Wir können also Elektrizität nur durch die Umformung aus einer anderen Energieform gewinnen. Der wertvollste Energieträger für die Menschheit ist die Kohle, durch den chemischen Prozeß der Verbrennung können wir aus ihr Wärme gewinnen. Aus dieser Wärme können wir mit Hilfe der Dampfmaschine oder Dampfturbine mechanische Energie für den Antrieb einer Dynamomaschine gewinnen. Dieser Umweg über die mechanische Energie zur Stromerzeugung ist mit Verlusten verknüpft, also unökonomisch. Leider ist bisher ein kürzerer Weg, Elektrizität direkt aus Kohle, noch nicht gefunden worden und die Dynamomaschine behauptet das Feld.

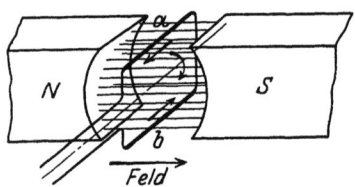

Abb. 57. Dynamoprinzip.

Aus den Abschnitten über Magnetinduktion wissen wir, daß bei dem Schnitt zwischen magnetischen Feldlinien und elektrischen Leitern, in diesen Ströme erzeugt werden. Es liegt nahe, hierauf das Prinzip einer Maschine zur Erzeugung von elektrischer Energie zu gründen. Wir haben nur ein Magnetfeld von genügender Stärke zu erzeugen, durch eine mechanische Vorrichtung Leiter hindurch zu bewegen und die entstehende Spannung abzunehmen. Am einfachsten geschieht das durch eine Drahtschleife, die in einem Magnetfeld gedreht wird (Abb. 57). Solange die Ebene der Schleife eine senkrechte ist, wird in den Leitern a und b kein Strom induziert, denn ihre Bewegung ist ja gleichlaufend mit den Kraftlinien, es tritt kein Kraftlinienschnitt ein. Schreitet aber die Drehbewegung fort, so daß a nach unten und b nach oben bewegt werden, so schneiden sie nun die horizontal verlaufenden Feldlinien, es werden Spannungen in den Leitern induziert.

Es zeigt sich, daß man einer magnetischen Kraftlinie eine Richtung zuschreiben kann, daß es nicht gleichgültig ist, ob die Magnetisierung der mit N und S bezeichneten Pole durch einen Strom in der einen oder in der anderen Richtung erfolgt. In Anlehnung an die Erscheinungen bei den natürlichen Magneten

Die Erzeugung des elektrischen Stromes. 45

(Magneteisenstein) und bei dem Magnetismus der Erde, unterscheidet man auch bei den durch stromdurchflossene Leiter erzeugten Feldern eine Nordpolarität und eine Südpolarität. Bei einer Spule ergibt sich dann die in der Abbildung angedeutete Regel (Abb. 58). Man sagt, die Kraftlinien gehen vom Nordpol

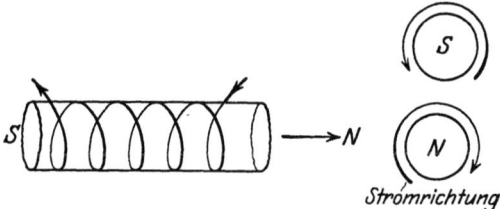

Abb. 58. Die Polaritäten einer Spule.

aus und münden in den Südpol. Man darf sich aber nicht darunter vorstellen, daß die Kraftlinien irgendwie in dieser Richtung fließen. Ich betone dies besonders, als gerade bei der Vorstellung über das magnetische Feld dem Anfänger die sonderbarsten Fehler unterlaufen.

Bei unserer Abbildung für das Dynamoprinzip hat also das Magnetfeld die Richtung von links nach rechts. Die Richtung des induzierten Stroms kann man sich nach folgender Regel sehr einfach merken (Abb. 59). Wenden wir diese Regel an, so wird in dem Leiter a bei der Abwärtsbewegung eine Spannung nach vorn, in dem Leiter b bei der Bewegung nach oben eine Spannung nach hinten gerichtet induziert. Wir haben somit sogar die Bequemlichkeit, daß wir in der

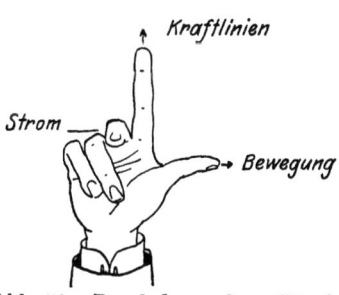

Abb. 59. Regel der rechten Hand.

Zeichnung die beiden Leiter hintereinander schalten können und dadurch die doppelte Spannung erhalten. Bei der nächsten Halbdrehung ist die Richtung umgedreht, die Spannungen kehren sich auch um. Bei einer Umdrehung entsteht also die volle Periode eines Wechselstroms. Dieser Wechselstrom hat seinen Höchstwert, wenn die Schleife durch die Wagerechte hindurchgeht; der Strom wird Null beim Senkrechtstehen der Schleife, da dann für einen

Augenblick lang keine Feldlinien geschnitten werden. Die Leistung unserer Maschine können wir dadurch steigern, daß wir nicht eine Schleife, sondern mehrere Spulen rotieren lassen, wir müssen nur durch eine geeignete Vorrichtung (Schleifringe) die Spannungen von den Leitern abnehmen. Der abgenommene Wechselstrom hat bei dieser zweipoligen Maschine eine Periodenzahl oder Frequenz von n Perioden in der Sekunde oder n Hertz, wenn

$n =$ **Drehzahl in der Sekunde,**
1 Hertz = 1 Periode in der Sekunde.

Es ist hier am Platze, eine Einteilung der in dem Äther vorkommenden Frequenzen vorzunehmen.

Schwingungszahlen elektromagnetischer Vorgänge.

Niederfrequenz = Nf.	Wechselstrom für Bahnen	16,67 Hertz
	Lichtwechselstrom	50 „
	Telephoniewechselströme. . . .	100 — 10 000 „
Mittelfrequenz = Mf.	Wechselströme der Mehrfachtelephonie	20 000 — 50 000 „
Hochfrequenz = Hf.	Drahtlose Telegraphie. .	50 000 — 50 000 000 „
	Schnellste Radiofrequenzen . <	100 000 000 000 „
Sonnenspektrum	Reststrahlen (längste Wärmestrahlen)	3 000 000 000 000 „
	Wärmestrahlen	$3 \cdot 10^{12} \div 3 \cdot 10^{14}$ „
	Lichtstrahlen	$4 \cdot 10^{14} \div 8 \cdot 10^{14}$ „
	Ultraviolettstrahlen	$1 \cdot 10^{15}$ „
	unbekannt	$10^{15} - 10^{17}$ „
	Röntgenstrahlen	$5 \cdot 10^{17} - 1 \cdot 10^{19}$ „

Man sieht aus dieser Zusammenstellung, welcher ungeheure Frequenzbereich von den Ätherschwingungen umfaßt wird und wie durch die an sich gleichwertigen Schwingungen die verschiedensten Erscheinungen und Äußerungen dem messenden Versuch offenbart werden. Die obige Tabelle ist von besonderer Wichtigkeit für die drahtlose Telephonie, da bei ihren Sendern mit Frequenzen von der ganz langsamen Niederfrequenz bis zur schnellsten Hochfrequenz gearbeitet wird.

Die maschinelle Erzeugung von Gleichstrom bereitet größere Schwierigkeiten als die des Wechselstroms. Einen **gleichgerichteten** Strom kann man wohl dadurch erzeugen, daß man bei unserer Drehspule durch eine Kollektoranordnung bei dem Stromnulldurchgang die Stromabnahmestellen vertauscht (Abb. 60);

Die Erzeugung des elektrischen Stromes.

der dann abgenommene Strom hat aber den Verlauf von Abb. 61. Die sehr schlechte Stromkurve verbessert man nun dadurch,

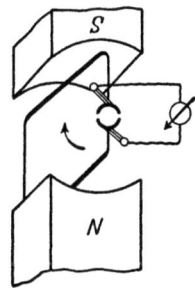

Abb. 60.
Maschinelle Gleichrichtung.

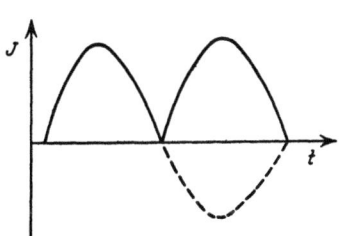

Abb. 61.
Gleichgerichteter Wechselstrom.

daß man nicht eine Schleife, sondern mehrere rotieren läßt, die nach dem Prinzip des Trommelankers je um einen kleinen Winkel gegeneinander versetzt sind.

In der Abb. 62 ist ein solcher Trommelanker in seiner Schaltung schematisch dargestellt, und zwar von der Kollektorseite (Stromsammlerseite) aus gesehen. Die bei einer derartigen Vervielfachung der Schleifen entstehende Spannungskurve zeigt die Abb. 63. Es wird noch immer kein vollkommener Gleichstrom geliefert, sondern ein gleichgerichteter, der die Form eines Wellenstroms angenommen hat. Die Schwankungen werden aber um so kleiner und in ihrer Frequenz schneller, je mehr Schleifen benutzt werden, je mehr Segmente der Kollektor hat.

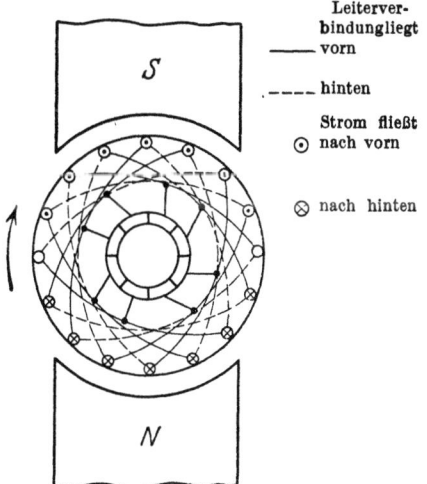

Abb. 62. Trommelankerwicklung.

Schalten wir in den Maschinengleichstrom ein Telephon ein, so werden wir immer diese Spannungsschwankungen als hohes Singen, den Maschinenton, hören. Man kann dieses störende Geräusch stark vermindern durch eine Schaltung nach Abb. 64. C ist ein großer Konden-

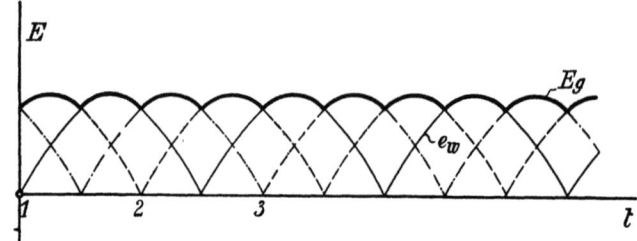

Abb. 63. Stromkurve eines Trommelankers.

sator, der den Gleichstrom nicht hindurchläßt, aber für den Wechselstrom des Maschinentons ein Kurzschluß ist. Die Drossel-

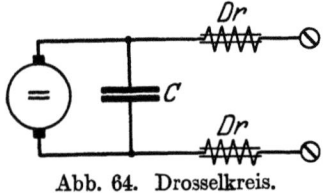

Abb. 64. Drosselkreis.

spulen Dr lassen mit geringem Spannungsabfal den Gleichstrom hindurch, während sie für den Wechselstrom einen hohen Widerstand bedeuten. Es ist dies nur eine plausible Erklärung der Wirkungsweise eines solchen „Siebes".

Die Drehschleife in einem magnetischen Felde können wir nach der schon früher angedeuteten Umkehrung des Satzes von der Magnetinduktion für den Aufbau eines elektrischen Motors benutzen. Wir haben nur durch die Spule einen Strom genügender Stärke zu schicken, so daß die Leiter nach dem bekannten Gesetze bewegt werden. Ich möchte hierauf nicht näher eingehen, sondern eine andere Anwendungsart dieses Motorprinzips besprechen. Es zeigt sich nämlich mathematisch, daß die Drehkraft einer vom Strom durchflossenen Spule in einem konstanten Magnetfelde genau gleichmäßig mit dem Strome wächst. Bewegt man also die Spule durch Drehfedern dauernd in eine Ruhelage zurück, so wird der durch einen bestimmten Strom erzeugte Ausschlag als Meßwert für den Strom brauchbar sein. Man nennt derartige Instrumente Drehspulinstrumente. Das System eines Drehspulinstruments zeigt Abb. 65. Man kann auch als Meßinstrument eine Anordnung nach Abb. 12 benutzen, wo durch den elektrischen Strom ein Eisenkern, der federnd aufgehängt ist, in eine Spule verschieden tief hineingezogen wird; man nennt solche Maßgeräte: Weicheiseninstrumente. Diese Weicheiseninstrumente sind in der Herstellung billiger und reichen

Die Erzeugung des elektrischen Stromes.

für einfache Messungen vollkommen aus; sie haben aber den Nachteil, daß sie bei weitem nicht so genau arbeiten wie die Drehspulinstrumente.

Die Herstellung eines vollkommenen Gleichstroms in ökonomischer Weise ist nur auf chemischem Wege möglich. Alle chemischen Verbindungen und Elemente geben ab oder binden Energie, wenn sie zerlegt oder zusammengesetzt werden, z. B. wird bei der Verbrennung der Kohle (Verbindung von Kohlenstoff mit Sauerstoff) Wärme frei usf. Es gelingt auch nun durch chemische Umsetzungen elektrische Energie frei zu machen in dem Vorgang der Elektrolyse. Chemische Verbindungen, also der Zusammenschluß von Atomen zu Molekülen, kommen immer durch elektrische Vorgänge zustande. Es zeigt sich nämlich, daß die Molekülbildungen durch

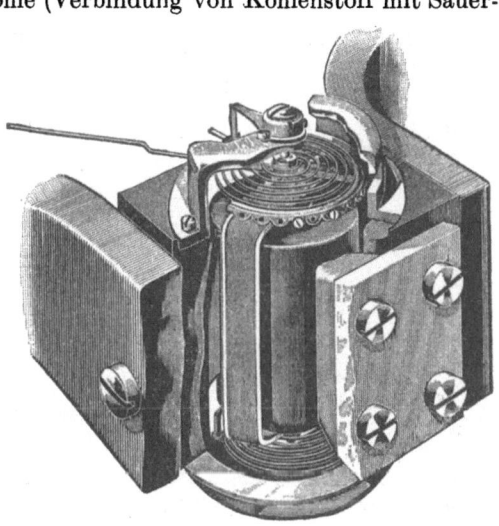

Abb. 65. System eines Drehspulinstruments.

die elektrischen Kräfte der auf den Planetenbahnen der Atome sehr weit vom Atomkern entfernt sitzenden Elektronen getätigt werden. Ein Atom, das vorher gerade soviel Elektronen besaß, um neutral (der positive Atomkern bindet alle Elektronen) zu sein, kann ziemlich leicht ein derartiges Außenatom verlieren: der positive Atomkern wird nicht genügend befriedigt. Ein solches unvollständiges Atom nennen wir ein positives Ion. Ebensogut kann sich auf eine Außenbahn eines Atoms ein Elektron gewissermaßen hineinmogeln, wir bekommen ein negatives Ion. Treffen nun zwei unvollkommene Atome also Ionen verschiedener Polarität aufeinander, und das geschieht in unendlich vielen Fällen bei jeder chemischen Verbindung, so binden sich diese Ionen mit ihren Außenbahnelektronen. Dabei zeigen ein-

Riepka, Lehrkurs. 4

zelne Wasserstoffatome und mehrere andere Elemente immer positiven Charakter, so daß vollkommen neutraler Wasserstoff eigentlich so (Abb. 66) aussieht, also der Wasserstoff in Molekülen auftritt (H_2), wenn er inaktiv ist. (Tritt der Wasserstoff nur als H auf, so ist er sehr reaktionsfähig: status nascendi.)

In einem jeden Molekül befinden sich die Atome also in einem Zustand der elektrischen Bindung, weil sie als Ionen zusammengekommen sind. Diese elektrischen Bindungen entsprechen sehr starken Kräften, so daß man zur Zerstörung eines Moleküls große physikalische oder chemische Energiemittel benötigt. Es zeigt sich aber nun, daß gewisse Lösungsmittel eine molekülzertrennende, dissoziierende Kraft besitzen (Wasser, Alkohol usw.); in diesem Sinne werden von diesen Lösungsmitteln um so mehr Moleküle des gelösten Stoffes in ihre positiven und negativen Ionen zerlegt, je höher die Temperatur des Lösungsmittels ist und je verdünnter die Lösung ist. Es schwimmen dann in der Lösung positive und negative Ionen, die natürlich im Gegensatz zu den neutralen Atomen auf äußere elektrische Kräfte reagieren.

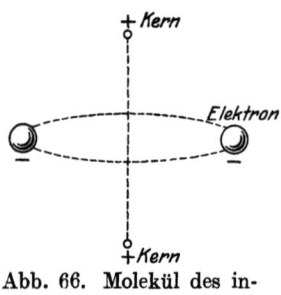

Abb. 66. Molekül des inaktiven Wasserstoffs.

Derartige dissoziierte Lösungen lassen sich herstellen von Säuren, Basen und Salzen. Ist z. B. vollkommen reines Wasser ein Isolator, denn es enthält keine freien Elektronen, so entstehen sofort bei der Auflösung eines Salzes in dem Wasser positive und negative Ionen, die unter der Einwirkung einer elektrischen Spannung zum Fließen kommen können, also nach außen in gleicher Wirkung wie die freien Elektronen das vorher nicht leitende Wasser zu einem Leiter machen. Während aber bei einem Leiter die Elektronen selbst fließen, bewegen sich hier Ionen als Elektrizitätsträger. Bringt man somit in eine Salzlösung zwei Stromzuführungen, die durch eine äußere Stromquelle dauernd eine Potentialdifferenz gegeneinander haben, so bewegen sich die positiven Ionen zu der negativen Stromzuführung, der Kathode, während sich die negativen Ionen an der Anode sammeln. Man nennt diesen Vorgang: Elektrolyse. Da' nun die ein-

Die Erzeugung des elektrischen Stromes.

zelnen Ionen Teile der Moleküle waren, sammeln sich nicht nur an den beiden Stromzuführungen, den Elektroden, die entsprechenden Elektrizitätsmengen, sondern auch die den Ionen entsprechenden stofflichen Elemente. So wird durch die Elektrolyse Salzsäure in Wasserstoff und Chlor zerlegt, verdünnte Schwefelsäure in Wasserstoff und Sauerstoff usf. Es gelingt mit Hilfe der Elektrolyse in vielen Fällen aus chemischen Verbindungen besonders rein die die Verbindungen aufbauenden Elemente zu erhalten. Metallabscheidungen (Kupfer, Silber, Nickel, Eisen usw.) werden bei Anwendung der Elektrolyse vollkommen unvermischt gewonnen (Galvanisation). Das sich auf der Kathode ausscheidende Metall wird hierbei entweder aus dem gelösten Metallsalz entnommen oder die Anode löst sich, wenn sie aus dem gleichen Metall besteht, gewissermaßen in dem Elektrolyten, und die Ausscheidung ist gleichwertig einer Metallwanderung von der positiven zur negativen Elektrode. Die Gesetze der Elektrolyse sind zuerst von Faraday aufgestellt worden.

Wie fast alle der für die menschliche Erkenntnis so logischen Naturgesetze besitzt das Gesetz der Elektrolyse auch eine Umkehrung. Bisher haben wir nur die Zersetzung von Elektrolyten durch den elektrischen Strom betrachtet; die Erfahrung zeigt aber, daß durch chemische Zersetzungen in elektrolytischen Zellen wiederum Ströme erzeugt werden. Man braucht nur in einer elektrolytischen Zersetzungszelle als Elektroden verschiedenartige Metalle zu nehmen und wird bei der Verwendung jedes Elektrolyten eine Potentialdifferenz zwischen den Elektroden feststellen. Diese Spannung ist natürlich je nach Art der Elektrolyten und der Elektroden verschieden. Verbinden wir nun die beiden Elektroden außen durch einen Leiter, so fließt wegen der Spannung ein Strom, und zwar ein Gleichstrom. Der Strom entsteht durch die elektrolytische Zersetzung und bleibt solange bestehen, wie noch zersetzbares Metall vorhanden ist. Man macht also ein solches Element wieder stromlieferungsfähig durch Einsetzen einer neuen Elektrode: Primärelemente, oder man scheidet durch einen von außen in das Element hineingeschickten Strom auf der richtigen Elektrode wieder Metall für die folgende selbständige Zersetzung ab: Sekundärelemente, Akkumulatoren.

Primärelemente: Leclanché: Zink und Kohle in Salmiaklösung.

Daniell: Zink in Schwefelsäure, Kupfer in Kupfervitriol.
Chromsäureelement: Zink und Kohle in Chromsäure.
Sekundärelemente: Bleiakkumulator: Blei in verdünnter Schwefelsäure.
Beim Laden wird die Anode in Bleisuperoxyd verwandelt.
Edisonakkumulator: Eisen und Nickel in Kalilauge.
Beim Laden wird die Anode in Nickeloxydhydrat verwandelt.

Die chemischen Elemente haben gegenüber der Erzeugung des Gleichstroms durch Maschinen den Vorteil, daß ihr Gleichstrom vollkommen konstant ist, während bei den Maschinen das Maschinengeräusch doch immer etwas hörbar ist. Im Verbrauch sind aber die Elemente viel unökonomischer als die Maschinen, so daß ihre Anwendung nur bei Kleinstinstallationen, bei beweglichen Anlagen und dort in Frage kommt, wo auf höchste Gleichmäßigkeit des Stromes Wert gelegt wird (Telephonie, Meßanlagen).

III. Die Elemente der drahtlosen Fernmeldetechnik.

6. Die Schwingungslehre.

Die Schwingungslehre ist eine noch relativ junge Disziplin in dem großen Bereiche der physikalischen Wissenschaft, sie hat aber durch ihren universellen Anwendungsbereich auf die Erscheinungsformen der Technik große Triumphe gefeiert. Während die Schwingungslehre früher mehr oder weniger als Außenseitergebiet angesehen wurde, ist sie nun durch die Möglichkeit einer mathematisch exakten Erfassung ihrer Vorgänge, durch ihre große Bedeutung für die gesamte Elektrotechnik und auch durch die Schiefersteinschen Anwendungen auf den reinen Maschinenbau in den Vordergrund des Interesses gerückt. Ihr Hauptgebiet ist aber ihre Übertragung auf die elektrischen Schwingungserscheinungen geworden, ohne die eine drahtlose Telegraphie gar nicht möglich wäre.

Unter einer Schwingung verstehen wir im allgemeinen das Pendeln irgendeiner Energieform zwischen ihren jeweiligen beiden Erscheinungsformen, der Energie der Lage und der Energie der Bewegung (potentielle und kinetische Energie). Eine gespannte Feder besitzt durch ihre Spannung eine gewisse Energie der Lage: läßt man sie los, so setzt sich diese Energie in die Energie der

Die Schwingungslehre. 53

Bewegung um, die Feder strebt ihrer Ruhelage zu. Es zeigt sich nun häufig, daß diese Rückbewegung in die Ruhelage nicht in dieser Nullstellung beendet ist, sondern daß die Feder noch ein Stückchen darüber hinausschießt. Sie spannt sich selbst wieder, federt zurück und setzt so das Spiel fort. Dieses Hin- und Herpendeln zwischen Spannung und Bewegung nennen wir auch bei Übertragung auf nicht mechanische Vorgänge: Schwingung. Ein weiteres mechanisches Beispiel wäre das Pendel, bei dem das Gewicht aus einer gewissen Höhenlage (Energie der Lage) herabfällt (Energie der Bewegung), auf der anderen Seite wieder hinaufsteigt usf. Auch aus den anderen Gebieten der Physik ist die Zahl der Schwingungsvorgänge Legion.

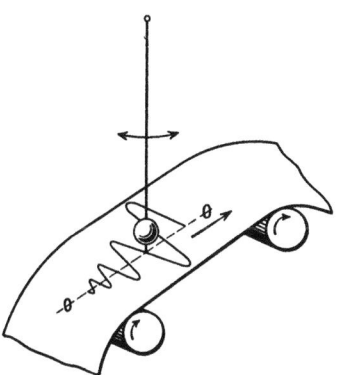

Abb. 67. Aufzeichnung einer Pendelschwingung.

An dem Pendelbeispiel (Abb. 67) wollen wir einige Grundbegriffe erläutern. Die Ausschläge, die das Pendel von seiner Ruhelage ausgehend erreicht, nennen wir Amplituden. Wir sehen, daß bei unserer graphischen Darstellung einer Pendelschwingung die Amplituden der Schwingung abnehmen. Diese Amplitudenabnahme geht so weit, daß in dem Beispiel nach 4 Schwingungen das Pendel vollkommen zur Ruhe gekommen ist. Das Pendel schwingt ja in Wirklichkeit auch nicht bis zur Unendlichkeit weiter. Die Amplitudenabnahme müssen wir irgendwelchen Verlusten zuschreiben (Reibung in der Aufhängung, Luftreibung, Reibung des Schreibstiftes auf dem Papier usf.). Diese Verluste verursachen somit eine Dämpfung der Schwingung. Diese Dämpfung kann so weit gehen, daß von der ganzen Schwingung nur der erste Ausschlag und die Rückkehr in die Ruhelage übrig bleiben: Die aperiodische Schwingung. Der andere Grenzfall ist das Fehlen jeglicher Dämpfung, wir erhalten eine ungedämpfte Schwingung. Beispiele von Schwingungen in diesem Bereich von: aperiodisch bis ungedämpft zeigen die Abb. 68—71.

Bei diesen Abbildungen sind die größten Amplituden der einzelnen Schwingungen (Maximalamplituden) durch gestrichelte

Kurven verbunden; die Krümmung und die Neigung dieser Kurven sind ein Maß für die Dämpfung der betreffenden Schwingung. Die Abbildungen zeigen des weiteren eine der wichtigsten Erscheinungen bei einer jeden Schwingung; die Abstände der Nulldurchgänge, bei den einzelnen Schwingungen auf der horizontalen Achse, der Zeitlinie, gemessen, sind bei allen Schwingungen gleich groß. Es folgt daraus, daß die Schwingungsdauer der Schwingungen vollkommen gleich ist; die Zeiten der einzelnen Schwin-

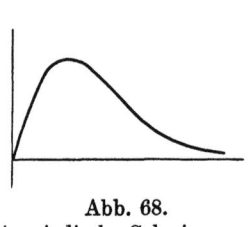

Abb. 68.
Aperiodische Schwingung.

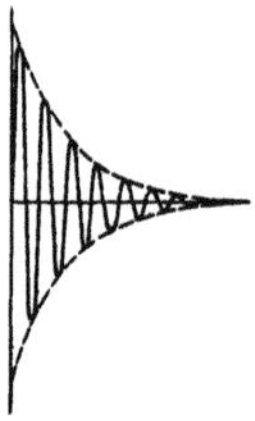

Abb. 69.
Stark gedämpfte Schwingung.

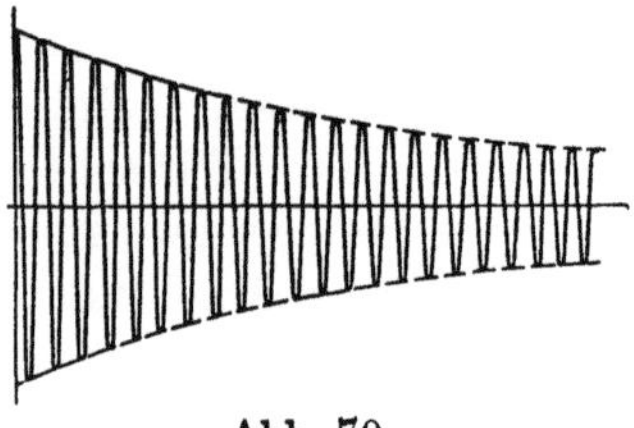

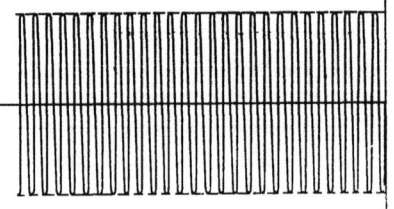

Abb. 70.
Schwach gedämpfte Schwingung.

Abb. 71.
Ungedämpfte Schwingung.

gungen sind so gleich, daß wir sie direkt zur Zeitmessung benutzen können (Pendeluhr). Die Messung zeigt, daß die Schwingungsdauer fast unabhängig von der Dämpfung und der Amplitude ist.

Da alle Schwingungen nach der obigen Erklärung nichts anderes als ein Wechselspiel der beiden Energieformen sind, ist es erklärlich, daß die Schwingungsdauer auch nur hiervon abhängig ist. Die Bewegungsenergie findet ihren Ausdruck in der Trägheit des betrachteten Objektes, während die Energie der Lage durch die antreibende und bremsende Kraft gegeben ist (Höhenlage, Federspannung usw.) Es zeigt sich, daß bei allen

Die Schwingungslehre. 55

Schwingungen die Schwingungsdauer sich aus folgender Formel errechnen läßt:

$$\text{Schwingungsdauer} = \text{Zahlenfaktor} \cdot \sqrt{\frac{\text{Trägheit}}{\text{Antriebskraft}}} \qquad (20)$$

Wir kürzen ab:

Schwingungsdauer in Sekunden = τ.

An dem mechanischen Beispiel der Abb. 72, einer eingespannten, schwingenden Feder, wird es sofort ersichtlich, daß die Schwingungsdauer um so größer wird, je schwerer das Gewicht am Federende ist. Andrerseits wird die Schwingungsdauer verkürzt durch die Verwendung einer harten (kräftigen) Feder (Antriebskraft groß).

Als akustisches Beispiel könnte man die Schwingungen einer Saite betrachten. Dünne, straff gespannte Saiten geben einer hohen Ton, also kurze Dauer der einzelnen Schwingungen, während dicke, schwach angespannte Saiten eine langsame Eigenschwingung besitzen. Man gibt nun in der Klanglehre und in anderen Gebieten häufig nicht die Schwingungsdauer zur Kennzeichnung des Vorganges an, sondern die Zahl der Schwingungen in der Sekunde (f). Da wir unter τ die Schwingungsdauer in Bruchteilen von Sekunden ausgedrückt verstanden, ist folgende Beziehung verständlich:

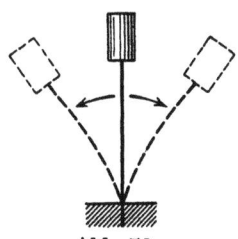

Abb. 72. Federschwingung.

$$f = \frac{1}{\tau} \quad \text{oder} \quad \tau = \frac{1}{f} \qquad (21)$$

Unter einer Schwingung wollen wir immer den vollen Hin- und Rückgang verstehen, wie z. B. beim Wechselstrom der positive und negative Teil. Der Kammerton $\bar{a}$ hat 435 volle Schwingungen in der Sekunde, also f gleich 435; die Schwingungsdauer beträgt dann τ gleich $\frac{1}{435}$ sec, also 0,0023 Sekunden.

Wie ein jeder weiß, beeinflußt jede Schwingung ihre Umgebung. Ein auf der Straße vorbeifahrendes Auto erschüttert das Haus, so daß in der Vitrine leise die Gläser klirren, bei einer schwingenden Saite wird die umgebende Luft in Mitschwingungen versetzt, die den Ton dann auf unser Ohr übertragen, ein schweres Pendel bringt bei seiner Bewegung das Traggestell zu leichten Vibrationen. Man bezeichnet nun die Übertragung einer Schwingungsenergie von einem schwingungsfähigen System auf ein anderes mit Kopplung. Bei einer tönenden Saite oder Orgelpfeife bildet die Luft das Kopplungsmittel zu unserem Ohre, die Erschütterungen des Wagens werden durch das Erdreich und die Grundmauern als Kopplungsmittel übertragen usf. Das Wesen der Kopplung wollen wir an dem folgenden Beispiel erläutern (Abb. 73ff).

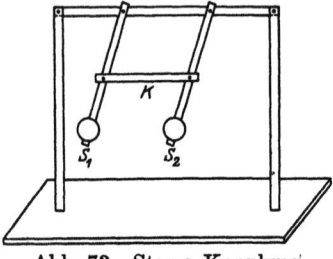

Abb. 73. Starre Kopplung.

An einem Gestell sind zwei gleichartige Pendel aufgehängt, die in dem ersten Fall durch eine Stange verbunden sein mögen. Errege ich durch Anstoßen System 1 zu Schwingungen, so ist es klar, daß bei dieser starren Kopplung System 2 genau die gleichen

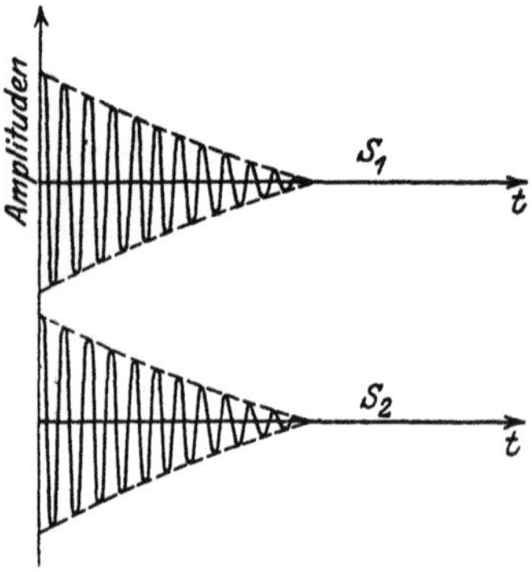

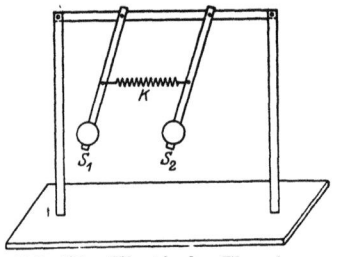

Abb. 74. Schwingungsübertragung bei starrer Kopplung.

Abb. 75. Elastische Kopplung.

Schwingungen ausführen muß wie S_1. Die nächste Abbildung zeigt somit das typische Schwingungsbild bei starrer Kopplung. Jetzt ersetze ich die Stange durch eine elastische Verbindung, eine Feder. Prinzipiell kann nun S_1 auch Schwingungen ausführen, wenn S_2 festgehalten wird. Es ist aber selbstverständlich, daß hierbei die Feder fortgesetzt gespannt und entspannt würde, je nach der Stellung des erregenden Pendels. Lassen wir während der Schwingung des Systems 1 auch System 2 frei, so zeigt sich, daß ein Teil der

Schwingungsenergie von 1 nach 2 hinüber zu wandern beginnt. Diese Energieübertragung wird so weit getrieben, daß das System 1 immer weniger Energie zum Schwingen behält und schließlich stehenbleibt. Die ganze Energie sitzt nun im System 2. Jetzt ist 2

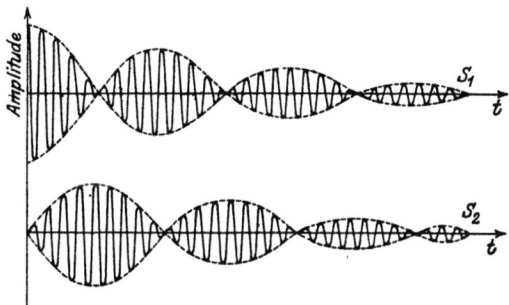

Abb. 76. Schwingungsbild bei elastischer Kopplung.

das erregende System, das Spiel der Energieübertragung kehrt sich um usf. Wir erhalten also außer den Pendelschwingungen auch noch ein Pendeln der Energie zwischen den beiden Systemen. Die Frequenz dieser langsamen, überlagerten Schwingung ist um so langsamer, je loser die Kopplung ist. Durch ein elastisches Kopplungsmittel haben wir die Möglichkeit, feste und lose Kopplungen je nach Wahl der Kopplungskraft einzustellen.

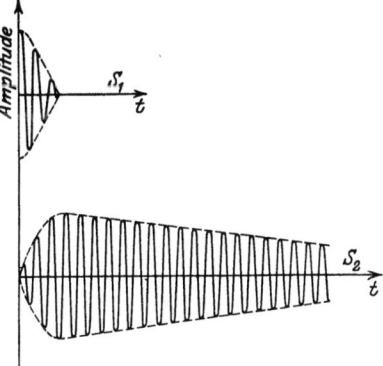

Man sieht, daß es auch bei Wahl einer sehr losen Kopplung nicht gelingt, etwa die Energie der Schwingung dauernd in das Sekundärsystem hinüber zu bringen, sondern wir müssen erleben, daß nach längerer oder kürzerer Zeit die Energie wieder in das alte System zurückpendelt.

Abb. 77. Stoßerregung.

Will man aus einem bestimmten Grunde möglichst alle Energie im zweiten System behalten, so kann man dies dadurch erreichen, daß man die Kopplung zwischen S_1 und S_2 in dem Augenblick löst, wo die ganze Energie im Kreise 2 sich befindet (Abb. 77). In diesem Falle wird der Kreis 2 nur durch den Kreis 1 zu Schwingungen „angestoßen"; das System 2 schwingt dann ungestört nach seiner Dämpfung aus. Wir haben eine Stoßerregung.

Gehen wir wieder einmal auf unser akustisches Beispiel zurück, die Erzeugung und Übertragung eines Tones. Bei allen Klangübertragungen bildet die Luft die Kopplung; wir haben eine ziemlich lose Kopplung. Das System 1 ist die schwingende Saite; System 2 wird durch unser Ohr gebildet. Bringen wir eine Glocke in einen Glasbehälter, den wir auspumpen, so hören wir ihr Läuten nur so lange, als genügend Luft im Behälter als Kopplungsmittel vorhanden ist; bei stärkerer Luftverdünnung kommt kein Schall nach außen.

Die Kopplung gibt die Möglichkeit, Energie zwischen Schwingungssystemen zu übertragen. Es zeigt sich nun, daß diese Übertragung besonders günstig wird (es wird ein Maximum an Energie übertragen), wenn beide Systeme gleiche Schwingungsdauer der Eigenschwingungen besitzen. Bei unserem Grundversuch nahmen wir z. B. gleichlange Pendel. Es ist so eine Leichtigkeit, ein sehr schweres Pendel zu großen Schwingungen mit geringer Kraft zu erregen, wenn wir es fortgesetzt mit Stößen im Takte seiner Eigenschwingung erregen. Man nennt diese Erscheinung Resonanz. Resonanz tritt also dann auf, wenn zwei irgendwie elastisch gekoppelte Systeme gleiche Schwingungszahlen aufweisen; sie äußert sich durch eine besonders starke Energieübertragung.

Durch die Veränderung der Eigenschwingungszahl des einen Systems können wir zwei Systeme auf Resonanz „abstimmen". Ein bekannter Schulversuch dieser Art ist folgender. Wir nehmen zwei Stimmgabeln, von denen die eine durch ein kleines Schiebegewicht in ihrer Eigenschwingungszahl verändert werden und die andere durch einen Schreibstift auf berußtem Papier ihre Schwingungkurven aufzeichnen kann. Erregen wir nun die erste Gabel zu Schwingungen (am besten ununterbrochen durch eine elektrische Unterbrechervorrichtung), so wird bei genügend enger Kopplung auch bei starker Verstimmung die zweite Stimmgabel etwas Schwingungsenergie übertragen bekommen, so daß sie ein wenig vibriert. Kommen wir aber dann durch die Abstimmung in die Resonanz beider Gabeln (gleiche Eigenschwingungszahlen), so nehmen die Schwingungsamplituden der zweiten Gabel ganz erheblich zu, ein Zeichen, daß jetzt viel Energie übertragen wird (Abb. 78, 79).

Bisher ist immer von einer Energieübertragung durch Kopplungen gesprochen worden, ohne daß wir uns über die Art dieser Übertragung klar geworden sind. Haben wir als Kopplungsmittel irgendeinen festen Körper, so ist die Übertragung leicht erklärbar; bei den nicht festen Stoffen aber und sogar beim Äther (Übertragung elektromagnetischer Schwingungen) ist die Energieüber-

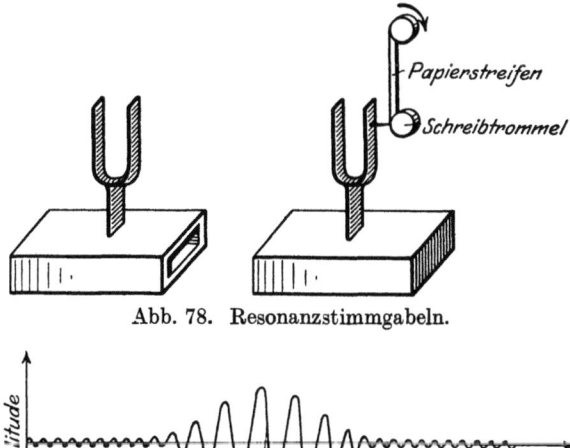

Abb. 78. Resonanzstimmgabeln.

Abb. 79. Energieübertragung bei Resonanz.

führung nicht so einfach vorstellbar. Wir finden eine Erklärung in folgender Vorstellung. In der Umgebung des Schwingungssystems werden einzelne Teilchen des Kopplungsmittels zum Mitschwingen erregt. Deren Schwingungen bringen nun wieder Nachbarteilchen zum Hin- und Hergang und so pflanzt die Erregung im Raume sich so weit fort, bis durch die Reibung der einzelnen Teilchen untereinander und durch sonstige Verluste die Schwingungsenergie aufgezehrt ist.

Die Abb. 80 möge ein mechanisches Beispiel zeigen. Die schwingenden Teilchen sind kleine Kugeln, der elastische Zusammenhang ist durch Federn gegeben. Die schwarze Kugel gehört dem schwingungserregenden System an. Da die Erregung für ihre

60 Die Elemente der drahtlosen Fernmeldetechnik.

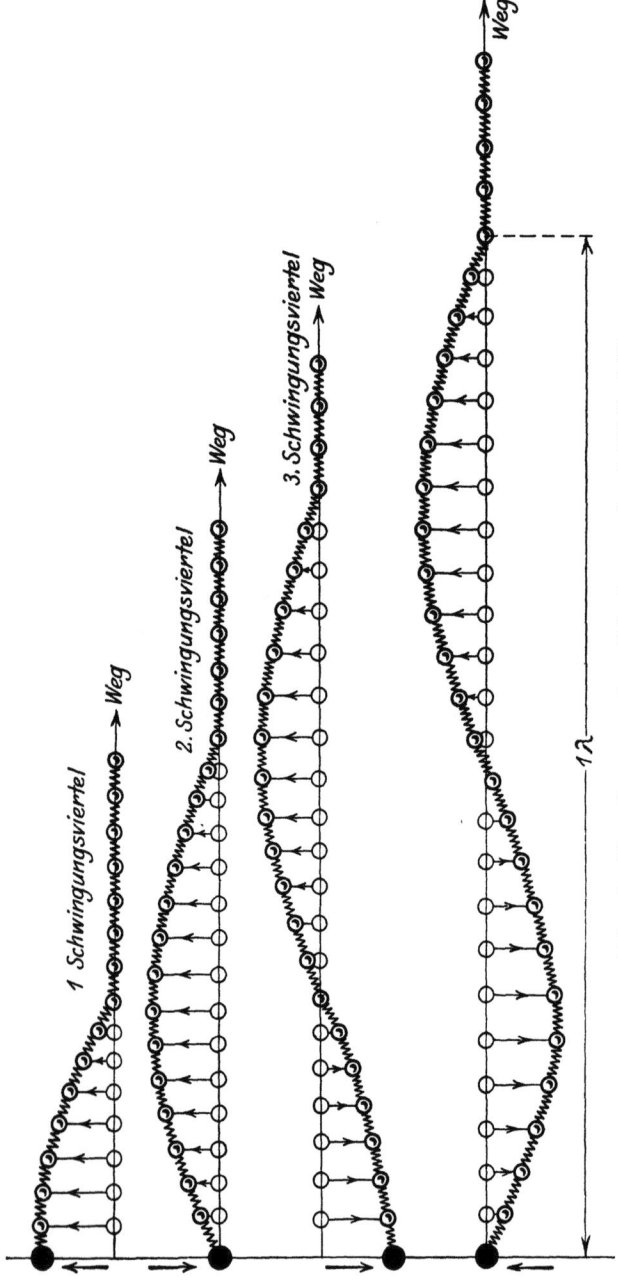

Abb. 80. Fortpflanzung einer Schwingung durch Wellenbildung.

Die Schwingungslehre. 61

Fortpflanzung Zeit braucht, sehen wir, wie beim ersten Schwingungsviertel nicht alle Teilchen gleichzeitig den Maximalausschlag besitzen, sondern daß in dem gezeichneten Augenblick die Teilchen ganz verschiedene, den Amplituden der erregenden Schwingung entsprechende Ausschlagweiten besitzen. Man sagt, die Schwingungen der einzelnen Kugeln haben **verschiedene Phase**, d. h. sie erreichen **gleiche Amplituden zu verschiedenen Zeiten**. Bei der zeitlichen Weiterentwicklung der Schwingung bis zur vollen Periode entstehen die gezeichneten Fortpflanzungsbilder. Die Fortpflanzung eines Schwingungsvorganges durch ein Kopplungsmittel nennen wir **Strahlung** und stellen fest, daß nach einer vollen Periode (letztes Bild) eine ganze **Wellenlänge** ausgestrahlt worden ist. Wir kürzen ab:

Wellenlänge $= \lambda$.

Bei jedem strahlenden Schwingungsvorgang wird also bei jeder vollen Schwingung eine Wellenlänge ausgestrahlt. Haben wir nun f Schwingungen in der Sekunde, so werden demnach f Wellenlängen ausgestrahlt. Der Wellenkopf hat dann vom erregenden System eine Entfernung von $f \cdot \lambda$ Meter erreicht, wenn wir λ in Metern angeben. Nun nennt man aber den Weg, den ein Vorgang in einer Sekunde zurücklegt, seine Geschwindigkeit; die übliche Abkürzung hierfür ist:

Geschwindigkeit $= c$.

Die Fortpflanzungsgeschwindigkeit der Welle ist also:

$$\boxed{c = f \cdot \lambda} \tag{22}$$

Die Formel läßt natürlich die üblichen Umkehrungen zu:

$$\boxed{f = \frac{c}{\lambda}} \quad \boxed{\lambda = \frac{c}{f}} \tag{23, 24}$$

Die Fortpflanzungsgeschwindigkeit des Schalls ist z. B. in der Luft 330 m in der Sekunde. Der Kammerton $\bar{a}$ hat 435 Schwingungen in der Sekunde. Wie groß ist die Wellenlänge dieses Tons?

$$\lambda_{435} = \frac{c}{f} = \frac{330}{435} = 0{,}76 \text{ m} = \mathbf{76 \text{ cm}}.$$

7. Das erweiterte Ohmsche Gesetz, der elektrische Schwingungskreis.

Im Kapitel 2 hatten wir den Zusammenhang zwischen Spannung, Strom und Widerstand, der durch das Ohmsche Gesetz gegeben ist, kennen-

gelernt, und zwar in der Form:
$$E = J \cdot R.$$
In den folgenden Kapiteln zeigte es sich aber, daß für Wechselströme schon bei einfachen Berechnungen nicht nur rein Ohmsche Widerstände in Frage kommen, sondern daß auch kapazitive und induktive Widerstände in Ohm ausdrückbar sind und bei den einzelnen Vorgängen eine große Rolle spielen. Um den Umfang dieses Büchleins nicht allzusehr anschwellen zu lassen, wollen wir die erweiterte Form des Ohmschen Gesetzes, die im Gegensatz zur obigen Gleichstromformulierung auch für Wechselströme gilt, hier ohne Ableitung geben. Die Umrechnung ergibt:

$$E = J \cdot \sqrt{R^2 + \left(2\pi f L - \frac{1}{2\pi f C}\right)^2} \tag{25}$$

Die Formel ist nichts anderes als eine Addierung des Ohmschen Widerstandes mit dem Selbstinduktionswiderstand und dem Kapazitätswiderstand, die in einer bestimmten Art erfolgt (Abb. 81). Die Abbildung zeigt einen Stromlauf, bei dem ein Ohmscher Widerstand, ein Kondensator und eine Selbstinduktionsspule hintereinander geschaltet sind. Ihr Gesamwiderstand ist also die Addition nach der obigen Formel. Diese Anordnung werde von einem Strom von 2 A durchflossen. Welche Wechselspannung, die Frequenz sei 50 Perioden, also der übliche Lichtnetzwechselstrom, muß ich dazu an die Endklemmen der Anordnung legen?

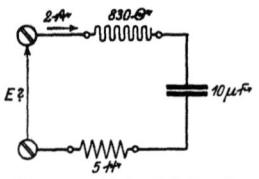

Abb. 81. Beispiel für das erweiterte Ohmsche Gesetz.

$$E = 2 \cdot \sqrt{830^2 + \left(2\pi \cdot 50 \cdot 5 - \frac{1}{2\pi \cdot 50 \cdot 10 \cdot 10^{-6}}\right)^2},$$
$$E = 2 \cdot \sqrt{830^2 + 1\,562\,500},$$
$$E = 3000 \text{ V}.$$

Untersucht man die Formel 25 genauer, so sieht man, daß der induktive Widerstand und der kapazitive in der Klammer unter der Wurzel eine Differenz bilden. Würde man also beide Ausdrücke gleich groß machen, so kann es eintreten, daß die Klammer gleich Null wird, daß also unter der Wurzel nur noch der Ohmsche Widerstand steht. In diesem Falle würde der Wechselstrom seinen Höchstwert erhalten, denn er empfindet nur den Ohmschen Widerstand. Es müßte also sein:

$$2\pi f \cdot L = \frac{1}{2\pi f \cdot C}.$$

Das kann ich durch die drei Einstellungen erreichen:

1. $L = \dfrac{1}{4\pi^2 f^2 C}$, wenn C und f gegeben,

2. $C = \dfrac{1}{4\pi^2 f^2 C}$, wenn L und f gegeben,

3. $f = \dfrac{1}{2\pi\sqrt{L \cdot C}}$, wenn L und C gegeben.

Das erweiterte Ohmsche Gesetz.

In unserem Beispiel wird die Klammer Null bei:
1. $L = 1{,}01$ H, wenn $C = 10\,\mu\mathrm{F}$ und $f = 50$;
2. $C = 2{,}3\,\mu\mathrm{F}$, wenn $L = 5$ F und $f = 50$;
3. $f = 23$, wenn $L = 5$ H und $C = 10\,\mu\mathrm{F}$.

Bei unserem Rechnungsbeispiel haben wir die Energie auf den betrachteten Kreis durch das direkte Anlegen einer Spannung übertragen; wir könnten dies aber auch beispielsweise durch eine induktive Kopplung, durch einen Transformator, erreichen (Abb. 82). Denken wir nun daran, daß jeder Wechselstromvorgang einer Schwingung ähnelt, da doch die Elektronen bei einem Wechselstrom dauernd ihre Bewegungsrichtung ändern,

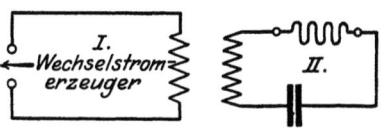

Abb. 82. Resonanzkreis mit induktiver Kopplung.

hin- und herpendeln, dann liegt ein Vergleich mit unseren mechanischen Schwingungsbeispielen nahe. Auch hier können wir den zweiten Schwingungskreis II. auf die aus I. einfallende Wechselstromschwingung in seiner Eigenschwingung f abstimmen und erhalten dann die größte Energieausbeute (die Klammer wird gleich Null). Wenn also in diesem Falle:

$$f = \frac{1}{2\pi\sqrt{L\cdot C}} \qquad (26)$$

f = Periodenzahl in der Sekunde,
L = Selbstinduktion in Henry,
C = Kapazität in Farad,

dann haben wir elektrische Resonanz.

Für den Vorgang einer elektrischen Schwingung in einem elektrischen Schwingungskreis können wir folgende plausible Erklärung finden (Abb. 83). Wir haben in einen elektrischen Schwingungskreis, der, abgesehen von dem meistens sehr kleinen Ohmschen Widerstand, aus einer Kapazität und einer Selbstinduktion besteht, einen Schalter gelegt, so daß wir bei geöffnetem Schalter den Kondensator von irgendeiner Spannungsquelle links aufladen können. Wir unterbrechen nun die Zuleitung zur Ladestelle und schließen den Schalter im Schwingungskreise. Die Potentialdifferenz zwischen den Kondensatorbelegungen wird nun versuchen, sich über die Spule auszugleichen. Dies geschieht natürlich mit einer gewissen Verzögerung, da, wie wir oben gesehen haben, der Aufbau des trägen Magnetfeldes eine gewisse Zeit erfordert. Wie bei der mechanischen Schwingung im U-Rohr wird nun der Ausgleich der Ladungen nicht so erfolgen, daß sich sogleich ein Gleichgewichtszustand herstellt, sondern die Elektronen schießen zuerst über das Ziel hinaus, und der Kondensator wird jetzt umgekehrt wieder aufgeladen. In dieser Weise setzt sich das Spiel fort und würde unendlich lange weiterpendeln, wenn nicht die Verluste im Kreis die Schwingungsenergie aufzehren würden.

Wir erhalten somit genau die gleichen Vorgänge wie bei mechanischen Schwingungen. Auch hier pendelt bei der elektrischen Schwingung die Energie zwischen zwei Formen hin und her; es wird bei der Ladung zuerst ein elektrisches Feld im Kondensator aufgebaut (Feld = Energievorrat), dann bei dem Stromfluß das magnetische Feld der Spule ausgebildet, das dann wieder verschwindet, um einem elektrischen Feld Platz zu machen usf. Es ist klar, daß der Antriebskraft im mechanischen Beispiel die Kondensatorspannung beim elektrischen Schwingungskreis entspricht, und daß die träge Masse von der Selbstinduktion gebildet wird, denn die Induktivität der Spule tritt ja bei jeder Stromänderung verzögernd in Erscheinung. Wollten wir also nach Formel 20 uns ein Bild eines elektrischen Kreises von der Eigenschwingungsdauer machen, so müßten wir schreiben:

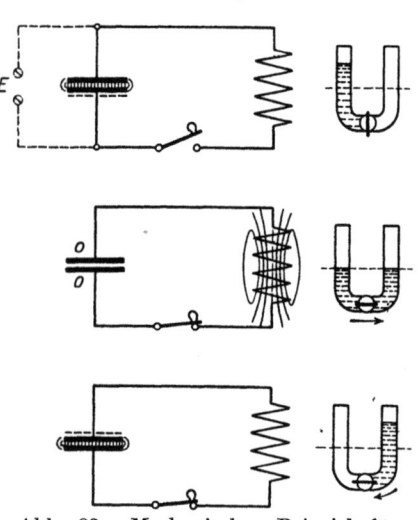

Abb. 83. Mechanisches Beispiel für die elektrische Schwingung.

$$\tau = \text{Zahlenfaktor} \cdot \sqrt{\frac{L}{E_c}},$$

worin $L =$ Selbstinduktion des Schwingungskreises,
$E_c =$ Spannung am Kondensator.

Nun ist aber nach Formel 1 bei konstanter Elektrizitätsmenge:

$$E_c = \frac{1}{C}$$

Setzen wir dies in unsere Formel für τ ein, so erhalten wir:
$$\tau = \text{Zahlenfaktor} \cdot \sqrt{L \cdot C}$$
Nun ist aber nach Formel 21:
$$f = \frac{1}{\tau},$$
also:
$$f = \frac{1}{\text{Zahlenfaktor } \sqrt{L \cdot C}}.$$

Wir sehen, daß diese Formel vollkommen mit der exakten Formel 26 übereinstimmt. Vergrößert man also bei einem Schwingungskreis die Selbstinduktion, oder die Kapizität oder beides, so wird die Eigenschwingungszahl herabgesetzt.

Wie wir später sehen werden, gelingt es durch geschickte Kopplung der im Schwingungskreis hin- und herpendelnden Elektronen mit dem Äther, diese Schwingungen in Wellenform, wie wir sie schon Kapitel 6 kennenlernten, auszustrahlen. Versuche und theoretische Überlegungen haben gezeigt, daß alle Wellenvorgänge im Äther die gleiche Fortpflanzungsgeschwindigkeit haben, ob es nun Lichtwellen, Schwerkraftwellen, Röntgenstrahlen oder die Wellen der Drahtlosen sind. Für diese **Lichtgeschwindigkeit** ergibt sich folgender Wert:

$$c = 300\,000\,000 \text{ m in der Sekunde.}$$

Berücksichtigen wir nun noch die Formel 24, so kommen wir zu dem folgenden sehr wichtigen Ausdruck:

$$\boxed{\lambda = \frac{2\pi}{100} \sqrt{L \cdot C}} \tag{27}$$

$L =$ Selbstinduktion in cm,
$C =$ Kapazität in cm
$\lambda =$ Wellenlänge in m.

In einem elektrischen Schwingungskreise ist also die Eigenschwingung abhängig von dem Ausdruck $L \cdot C$ und daraus ergibt sich für die Wellenlänge der eventuell ausgestrahlten Ätherwelle die Formel 27. Der Zahlenfaktor ist so eingerichtet, daß man für L und C die in Deutschland bei der Hochfrequenztechnik übliche cm-Dimension einsetzen kann.

8. Die Strahlung, die Antenne.

In früheren Kapiteln hatten wir gesehen, in welch enger Kopplung die Elektronen mit dem Äther stehen. Wir fanden, daß ruhende Elektronen ein elektrisches Feld erzeugen, während bewegte Elektronen die Ursache eines magnetischen Feldes sind. Bei den Vorgängen in elektrischen Schwingungskreisen handelt es sich besonders in der drahtlosen Telegraphie, wie wir bald sehen werden, um sehr schnelle Wechselströme, die oben genannten Beeinflussungen des Äthers müssen also hier wegen der schnellen Pendelbewegung der Elektronen besonders intensiver Natur sein. Für die drahtlose Fernmeldung muß es die Aufgabe sein, die Beeinflussung des Äthers

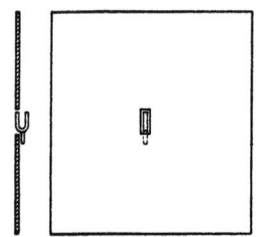
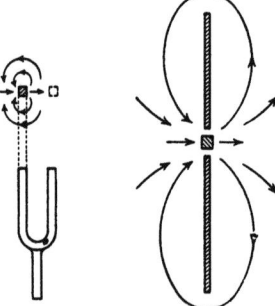

Abb. 84. Verstärkung der Schallstrahlung einer Stimmgabel. Abb. 85. Schall„kraftlinien" bei der Stimmgabelstrahlung.

möglichst stark zu gestalten, denn dann lassen sich die erregten Ätherwellen ideal zu Übertragern von Zeichen ausnutzen.

Es zeigt sich nun, daß wir eine wirkungsvolle Fernwirkung nicht mit einem normalen elektrischen oder magnetischen Wechselfelde erreichen, sondern erst dann, wenn es uns gelingt, die Feldlinien zum Sichablösen von dem erzeugenden Kondensator oder von der Spule zu bewegen. An einem mechanischen Beispiel lassen sich die Verhältnisse gut erklären (Abb. 84). Wir nehmen eine normale Stimmgabel und schlagen sie an. Ihr Ton ist dann nur in der Nähe zu hören, Fernersitzende im Saale vernehmen nichts. Jetzt nehmen wir noch eine große Pappe, die in der Mitte einen Schlitz besitzt, der gerade der einen Stimmgabelzinke Raum zum Schwingen gewährt. Halten wir nun nach dem Anschlagen die Stimmgabel in diesen Schlitz, so wird mit einem Male der Ton in dem ganzen Saale hörbar. Wie erklärt sich dies?

Auf der Abb. 85 sehen wir, wie bei der Stimmgabel die Kopplung des Schwingungssystems mit der Luft geschieht. Die Zinken schwingen schnell gegeneinander und voneinander, so daß zwischen ihnen einmal ein luftverdichteter und dann wieder ein luftverdünnter Raum entsteht. In der Figur links ist nur die eine Zinke gezeichnet und der Verlauf der Luftteilchen bei der Bewegung nach innen. Treffe ich nun die Anordnung mit der Papptafel, so werden die Luftteilchen an dem direkten Ausweichen gehindert, sie müssen erst den weiten Weg um die Tafel herum zurücklegen. Wir haben den „Kraftlinienweg" der Luftteilchen stark (im Verhältnis zur Wellenlänge des betreffenden Tones) verlängert, und erhalten dadurch eine naturgemäß stärkere Beeinflussung der Luft der Umgebung, also eine festere

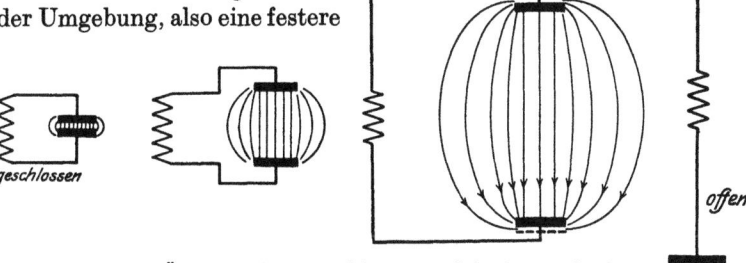

Abb. 86. Öffnung eines geschlossenen Schwingungskreises.

Kopplung auf das Übertragungsmedium. Es ist klar, daß eine so präparierte Stimmgabel besser strahlt und daß außerdem aber wegen der starken Energieentziehung (lange Wege der Luftteilchen) die Schwingung der Stimmgabel gedämpft wird; sie wird nicht so lange schwingen, wie wenn sie frei wäre. Wir haben die sogenannte Strahlungsdämpfung.

Wir sehen also, daß eine Strahlung, das ist die Beeinflussung des umgebenden Kopplungsmittels, besonders intensiv wird, wenn es gelingt, die Kraftlinienwege möglichst lang zu machen, unter Umständen so lang, daß die Kraftlinien bei schnellen Wechselvorgängen abreißen. Betrachten wir unter diesem Gesichtspunkte einen elektrischen Schwingungskreis, so könnte man auf den Gedanken kommen, z. B. die Platten des Kondensators weiter auseinander zu ziehen, damit die Kraftlinien des elektrischen Feldes längere Wege zurücklegen müssen (Abb. 86). Wir erhalten auf diese Weise aus einem geschlossenen Schwingungskreise, der wenig strahlt, da seine magnetischen und elektrischen Felder geringe Ausdehnung haben, den geöffneten Schwingungskreis, der wegen der starken Streuung seiner Felder stark strahlt. (Streuung ist das Abweichen der Feldlinien von der kürzesten Verbindungslinie.)

Besitzt nun aber der betrachtete Schwingungskreis eine sehr hohe Wechselzahl der Eigenschwingung, so kann folgendes eintreten. Die Feldlinien haben bei ihrer Entstehung natürlich eine bestimmte Fortpflanzungsgeschwindigkeit, die sicher nicht größer als die Lichtgeschwindigkeit, der größten bekannten Geschwindigkeit, mit 300000 km in der Sekunde sein kann. Nach unserer Betrachtungsweise gehen nun die Kraftlinien von der positiven Platte aus und schließen sich zur negativen. Steigert man, wie oben beabsichtigt, die Frequenz der Schwingung, so heißt das, die Platten des Kondensators werden in immer schnellerer Folge abwechselnd negativ und positiv; einmal kommen die Kraftlinien aus der oberen, dann aus der unteren Platte hervor. Bei hoher Frequenz und langen Kraftlinienwegen kann es jetzt sehr leicht eintreten, daß die Kraftlinien von der einen Seite auf der anderen nicht mehr die entgegengesetzte, sie aufnehmende Polarität vorfinden, sondern die gleiche, die sie abstößt. **Die Kraftlinien müssen sich also bei allen Wechselzahlen, die diese Grenzfrequenz übersteigen, von dem offenen Schwingungskreis ablösen und in den Raum als elektrische Wellen hinauswandern.**

Rechnet man sich diese Schwingungszahlen aus, bei denen die Kraftlinien gewissermaßen den Anschluß verpassen, so kommt man bei normalen Anordnungen zu sehr hohen Zahlen, die wir im Kapitel 5 als hochfrequente Schwingungen gekennzeichnet haben. Im Gegensatz zu den Streukraftlinien zeigt es sich in der Tat, daß diese vom Schwingungskreis losgelösten Kraftlinien eine viel bessere Fernwirkung ermöglichen als das am Strahler noch festhängende Feld. Dasjenige Schaltglied im offnen Schwingungskreis, das durch seine relativ große Ausdehnung diese Ablösung der Kraftlinien begünstigt, nennen wir Antenne. In dem gezeichneten Fall wird die Antenne von den Platten des deformierten Kondensators gebildet.

Eine zweite Möglichkeit, Strahlwirkung zu erhalten, wäre die Vergrößerung der Dimensionen der Selbstinduktionsspule zu sehr großen Flach- oder Zylinderspulen, um eine starke magnetische Streuung zu erzielen. Wir erhalten dadurch die Rahmenantennen, die aber im allgemeinen geringeres Strahlungsvermögen besitzen.

Bei der normalen Kondensatorantenne, die als Hoch- oder Innenantenne ausgebildet sein kann, benötigen wir für die Kondensatorwirkung zwei Belegungen. Da bei den großen Ausdehnungen es nicht notwendig ist, daß die beiden Belegungen, die sich in mehreren Metern Entfernung gegenüberstehen, wirklich volle Platten sind (Kraftlinienstreuung), genügen ein oder mehrere leitend miteinander verbundene Drähte, die in einer gewissen Höhe ausgespannt werden. Als Gegenbelegung kann man ein gleiches Drahtsystem unter dem ersten nehmen, so daß wir den benötigten Großabstandskondensator bekommen. Es hat sich aber erwiesen, daß

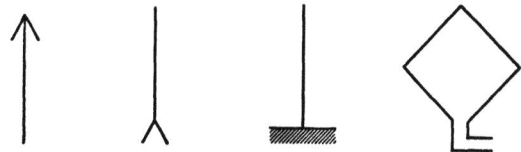

Abb. 87. Antenne, Gegengewicht, Erde und Rahmenantenne.

der normal feuchte Erdboden (Grundwasser!) für die elektromagnetischen Wellen genügend Leitfähigkeit besitzt, so daß wir als untere Belegung gar kein metallisches System benötigen, sondern nur eine gute Erdverbindung zur Erde als zweite Platte herzustellen brauchen. Hatten wir im ersten Falle ein Gegengewicht, so stellt der zweite Fall eine Erdung dar. Die Symbole für die Antennenformen zeigt die Abb. 87.

Die Betrachtung in der Einleitung dieses Kapitels hatte gezeigt, wie das Strahlungsvermögen eines Schwingungskreises zu einem großen Teil von der Länge der offnen Kraftlinienwege abhängig ist. Die Ablösung der Energie erfolgt um so leichter, je höher die Frequenz und je länger die Kraftlinienwege sind. Diese Betrachtungsweise, die durchaus nicht den Anspruch auf Exaktheit erhebt, hat insofern noch eine große Lücke, als sie nicht berücksichtigt, daß die Antenne durch ihre Eigenkapazität und durch ihre Eigenselbstinduktion ein schwingungsfähiges System bildet, das auch auf die Sendefrequenz abgestimmt werden muß, wenn man ein Optimum der Strahlung erreichen will. Hat man also aus der Überlegung über die Kraftlinienablösung sich den Plattenabstand des auseinandergezogenen Kondensators nach Abb. 86 errechnet, so wird man nun berücksichtigen, daß dieser Antennenkondensator mit einer noch zu wählenden Antennenselbstinduktion mit der Sendefrequenz in Resonanz stehen muß, um die günstigste Fernwirkung zu erzielen.

Für einfache Antennengebilde ergeben sich bei dieser Berechnung interessante Resultate. Lassen wir z. B. in einem normalen Schwingungskreis die Selbstinduktionsspule zu einer

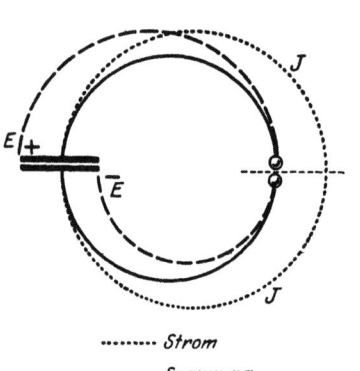
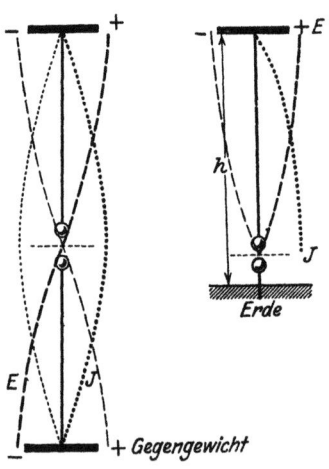

Abb. 88. Strom und Spannung am Kondensatorkreis.

Abb. 89. Strom und Spannung bei der Linearantenne.

Drahtwindung degenerieren, so erhält der Kreis folgendes Aussehen (Abb. 88)[1]. Der Kondensator ist so geblieben wie vorher, er entlädt sich über eine Funkenstrecke, und die Selbstinduktion ist über den ganzen Kreis verteilt. Will man sich nun ein Bild von der Verteilung von Strom und Spannung in diesem Kreis machen, so geschieht dies am besten mit einer graphischen Darstellung. Beim Einsetzen des Funkenüberganges ist sicher die Spannung an den Kondensatorbelegungen am größten, um dann

---

[1] Bei räumlich nicht allzu großen Kreisen mit geringem Ohmschen Widerstand ist die Verteilung eine andere (quasistationär). Aus pädagogischen Gründen ist bei dieser Abbildung der Vorgang abweichend von der Wirklichkeit dargestellt.

Das erweiterte Ohmsche Gesetz. 71

bis zur Funkenstrecke auf Null abzunehmen. (Man beachte immer: Spannung = Elektronenüberdruck.) Trage ich diesen Spannungsverlauf als Höhen über dem Draht auf, so bekomme ich die eingezeichnete Kurve. Im Gegensatz dazu ist der Strom beim Funkenübergang in der Funkenstrecke selbst am größten, denn die einzelnen Teilchen sammeln sich erst auf dem Wege zur Funkenstrecke. Öffnen wir nun diesen geschlossenen Schwingungskreis zu einer Antenne, so kann sich prinzipiell an der Stromverteilung und an dem Spannungsverlauf nichts ändern, wir erhalten also folgendes Bild (Abb. 89). (Die Kondensatorplatte, die bei dieser Zeichnung noch relativ groß erscheint, ist natürlich gegenüber der Antennenlänge oder Höhe zu vernachlässigen. Es wirkt dann schon die Eigenkapazität des Antennendrahtes gegen Erde überwiegend.) Bei der Umkehr der Schwingung wird die Antenne in unserer Zeichnung negativ geladen, und wir müßten die gestrichelte Kurve wie angedeutet zeichnen. Einem jeden fällt dann sofort auf, daß eine solche **Linearantenne** in ihrer Spannungsverteilung wie eine eingespannte Stricknadel schwingt.

Vergleichen wir nun dieses Bild mit unserer Wellenlängendefinition, so ergibt sich, daß die Eigenschwingung einer geerdeten Linearantenne nach der Formel errechnet werden kann

$$\frac{\lambda}{4} \approx h.$$

Es muß hierbei beachtet werden, daß in die Formel für h nur bei der gezeichneten Eindrahtantenne die wirkliche Höhe eingesetzt werden darf, bei anderen Antennenformen ist aus gewissen Gründen das einzusetzende h kleiner als die Antennenhöhe.

Die Untersuchung hat also ergeben, daß einer jeden Antenne eine Eigenschwingung zukommt, die durch die Eigenkapazität und durch die Eigenselbstinduktion gegeben ist. Durch Einschalten von Kondensatoren und Spulen kann man selbstverständlich diese Schwingung verändern: die Antenne auf eine bestimmte Welle „abstimmen".

Diese durch die Antennenform allein gegebene Eigenschwingung einer Antenne oder ihrer Eigenwelle kann man für die üblichen Antennenformen mit ziemlicher Genauigkeit schätzen.

Einen Anhalt hierfür gibt die Abb. 90. Es sind dort die Erfahrungswerte für die folgenden Antennenformen angegeben:
a) Linear- oder Eindrahtantenne,
b) Horizontalantenne,
c) T-Antenne, ($\frac{1}{2} b + h = l$),
d) L-Antenne,
e) Schirmantenne.

Bei dem Antennenbau wählt man die Antennendimensionen ungefähr wie folgt. Die kürzeste Welle, die man empfangen will, sei 300 m. Dann nimmt man die Eigenschwingung der Antenne zu ungefähr $^3/_4$ dieser Welle: 225 m. Will man eine normale T-Antenne bauen, so wäre

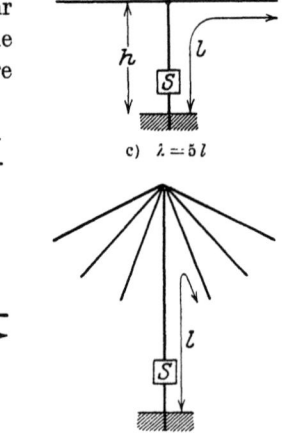

Abb. 90. Schätzung der Eigenschwingung von Antennen.

dann $l = 45$ m. Wir machen somit $h = 25$ m und $b = 40$ m. Legt man mehr Wert auf die langen Wellen, die bei obiger Anordnung schlechter fortkommen, so muß man eine längere Grundwelle annehmen, denn die Antenne arbeitet am besten in der Nähe ihrer Eigenschwingung. Sie kann zwar auf andere Wellen durch Einschalten von L und C abgestimmt werden, gibt dann aber nicht die beste Wirkung, trotz des Energiemaximums bei Resonanz.

Der Radioamateur, der sich seinen Apparat selbst herstellt, wird wahrscheinlich sich auch die Antenne selbst bauen. Aus diesem Grunde wird in den Prüfungsbestimmungen verlangt, daß er die Voraussetzungen für eine vorschriftsmäßige Antenne kennt. Die Antenne muß nicht nur vom elektrischen Standpunkt einwandfrei sein, sondern sie soll auch rein mechanisch richtig gebaut sein, damit sie nicht durch den nächsten Frühjahrssturm vom Dache geweht wird. Im Einvernehmen mit der Industrie und dem Deutschen Radioklub hat der V.D.E. Richtlinien für den Antennenbau aufgestellt, die im wörtlichen Abdruck hier folgen:

Leitsätze für den Bau von Hochantennen zum Rundfunkempfang.

1. Diese Leitsätze gelten für Hochantennen, die im Freien angelegt sind, bezüglich des Überspannungsschutzes (s. Abschnitt 17) auch für solche, die innerhalb eines Dachstuhles liegen.

Man unterscheidet der Art nach: Einleiter- und Mehrleiterantennen, der Form nach: Linear-, L-, T-, V-, Schirmantennen usw. Je nach der Möglichkeit der Anordnung von Abspannpunkten ergibt sich die Art und Form der Antenne. Im allgemeinen sind Einleiter-T- oder -L-Antennen am zweckmäßigsten.

2. Dem öffentlichen Verkehr dienende Plätze und Straßen sowie Bahnkörper dürfen nur mit Genehmigung der zuständigen Stellen überspannt werden. Bei elektrischen Bahnen ist auch das Einverständnis des Bahnunternehmers erforderlich.

3. Kreuzungen von Hochspannungsleitungen (Spannungen über 250 V.) mit Ausnahme elektrischer Straßenbahnen sind verboten. Bei Annäherung an Hochspannungsleitungen soll die Antenne in einem solchen Abstand verlegt werden, daß eine Berührung auch bei Drahtbruch unter allen Umständen ausgeschlossen ist. Auf weniger als 10 m Horizontalabstand ist keinesfalls herabzugehen. Bei Kreuzungen mit elektrischen Bahnleitungen sind erhöhte Sicherheitsmaßnahmen zu treffen.

4. Die Nähe von Starkstrom-Niederspannungsleitungen (Spannungen bis 250 V.) verlangt folgende Sicherheitsmaßnahmen, sofern nicht eine metallische Berührung beim Reißen der Antenne praktisch ausgeschlossen ist:

a) Die Starkstromleitung muß mit geerdeten Schutzdrähten oder einem geerdeten Schutznetz versehen sein, oder

b) die spannungsführenden Drähte der Starkstromleitung sind als ,,wetterfest umhüllte Leitungen" nach den ,,Normen für umhüllte Leitungen" in Starkstromanlagen auszuführen.

Diese Sicherheitsmaßnahmen sind im Einvernehmen mit dem zuständigen Elektrizitätswerk von Fachleuten auszuführen. Erst nach ihrer Fertigstellung darf mit dem Bau der Antenne begonnen werden, der in diesem Falle auch von Fachleuten vorzunehmen ist. Zulässig sind dabei nur Einleiterantennen.

5. Auf Fernmeldeleitungen ist in folgender Weise Rücksicht zu nehmen:
Parallelführung im Abstande von weniger als 5 m ist verboten; Kreuzungen sollen möglichst rechtwinklig, jedenfalls nicht unter 60° und in einem Abstand von wenigstens 1 m ausgeführt werden.

Wenn bei Drahtbruch der Antenne eine Berührung mit der Fernmeldeleitung möglich ist, muß die Antennenleitung mit wetterfester Umhüllung versehen sein, sofern nicht die Fernmeldeleitung selbst isoliert ist.

6. Die Antennen einschl. ihrer Träger sollen das Straßen-, Stadt- und Landschaftsbild nicht stören. Sie sind nach Möglichkeit so anzulegen, daß sie von den Straßen aus nicht sichtbar sind; sie sollen also möglichst auf den von der Straßenseite abgelegenen Dachflächen liegen. Dieses gilt besonders für Mehrleiterantennen mit Rahen (s. Abschnitt 15). Einleiterantennen lassen sich so ausführen, daß sie kaum sichtbar sind.

7. Beim Antennenbau auf einem Hause soll von dem Erbauer darauf geachtet werden, daß auch weitere Bewohner des Hauses Antennenanlagen herstellen können. Auf vorhandene Antennenanlagen ist Rücksicht zu nehmen.

8. Parallele oder nahezu parallele Führung zweier Antennen bewirkt starke Kopplung. Daher ist bei T- und L-Antennen ein Mindestabstand der parallel geführten Teile von 5 m vorzusehen. Stehen die Drähte zweier Antennen senkrecht oder im Winkel zueinander oder kreuzen sie sich, so soll ihr Abstand an der Stelle der größten Näherung nicht unter 2 m sein.

9. Für den Luftleiter ist Draht aus hartgezogenem Kupfer oder hartgezogener Bronze von mindestens 40 kg Zugfestigkeit je mm^2 zu verwenden. Feindrähtige Litzenleiter (Einzeldrähte unter 0,25 mm Durchmesser) sind wegen der Zerstörung durch Rauchgase in Städten zu vermeiden. Die auftretende Höchstzugspannung im Antennenleiter soll bei der vorher angegebenen Zugfestigkeit 10 kg je mm^2 nicht übersteigen. Bei Verwendung von Baustoffen

Das erweiterte Ohmsche Gesetz.

mit höherer Festigkeit soll im ungünstigsten Belastungsfall mindestens eine vierfache Sicherheit vorhanden sein. Der Querschnitt des Antennenleiters (nicht unter 1,5 mm bei 40 kg Zugfestigkeit) ist unter Berücksichtigung eines möglichst geringen Durchhangs entsprechend der Länge und Schwere der Antenne zu wählen. Gespannte Drähte sollen nicht aus zusammengesetzten Stücken bestehen.

10. Als Abspannpunkte dürfen Schornsteine und turmartige Aufbauten sowie Hausgiebel nur dann Verwendung finden, wenn diese Teile den zu erwartenden Beanspruchungen gewachsen sind und wenn durch die Führung der Antennenleiter und etwa angeordneten Abspannungen und Verankerungen der freie ungehinderte Zugang zu den Schornsteinen und etwa vorzunehmende Dacharbeiten nicht beeinträchtigt werden. Bei der Befestigung von Rohrständern u. dgl. an Schornsteinen ist darauf zu achten, daß die ordnungsgemäße Reinigung der Schornsteine, das Stehen sowie Seitwärtsbewegen der Arme auf diesen nicht behindert wird.

Sind Antennen gegen einen Baum abgespannt, so ist den Schwankungen durch den Wind Rechnung zu tragen.

Gestänge der Deutschen Reichspost dürfen nur mit deren Genehmigung benutzt werden. Alle Stützpunkte von Antennen müssen bei der auftretenden Höchstbeanspruchung mindestens eine vierfache Sicherheit aufweisen.

11. Mit Rücksicht auf die dämpfende Wirkung der Gebäudeteile und auf die Begehbarkeit der Dächer soll ein Luftraum von wenigstens 2 m zwischen der Antenne und dem betreffenden Gebäudeteil vorhanden sein. Bei Dächern mit vielen Metallteilen oder mit Metallabdeckungen empfiehlt es sich, eine größere Entfernung des Antennenleiters von diesen anzustreben.

Die wagerechte Ausdehnung der Antennenleiter zu übertreiben, ist für die Empfangsstärke zwecklos; 30 bis 50 m genügen vollauf. Stützpunktabstände über 50 m sind möglichst zu vermeiden. Mehrleiter-Antennen kommen nur in Frage, wenn die örtlichen Verhältnisse ganz kurze Spannweiten bedingen.

12. Die Verbindung des Antennenleiters mit der Ableitung wird zweckmäßig durch fabrikmäßig hergestellte Klemmen, Kerbverbinder, Quetsch- oder Würgehülsen vorgenommen, Klemmen, bei denen eine Schraube auf den Draht drückt, sind verboten.

Lötungen sind nur an von Zug entlasteten Stellen zulässig und mit Lötkolben auszuführen.

13. Die Isolierung der Antennendrähte gegen die Stützpunkte sowie die der Abspannung der Ableitung an der Einführungsstelle ist zweckmäßig durch untereinander verbundene Isolatoren (Ei- oder Sattelisolatoren) oder einen gleichwertigen Isolator vorzunehmen; die Isolatoren müssen bei der höchstmöglichen Belastung eine vierfache Sicherheit aufweisen.

14. Die Ösen der Antennenlitzen und der Abspanchene sind mit gut verzinkten Kauschen zu versehen. sofern sie nicht unmittelbar an den Isolatoren befestigt werden. Die Verbindung der Isolatoren untereinander und mit den Kauschen darf nur durch Volldraht (bei Eisen nicht unter 3,5 mm Durchmesser) oder durch Antennenlitze, die den Bedingungen unter Ziffer 9 entspricht, erfolgen.

15. Die Rahen für mehrdrähtige Antennen sind aus dünnwandigem Stahlrohr nicht unter 1 mm Wandstärke und nicht über 20 mm Außendurchmesser oder aus zähem imprägnierten Holz oder aus Bambusstäben herzustellen. Bei Rahen ist besonders auf gute Befestigung zu achten.

16. Zum Abspannen der Antennen nach den Befestigungspunkten ist Volldraht (bei Eisen nicht unter 4 mm Durchmesser) oder Antennenlitze zu verwenden.

17. Außenantennen sollen durch Überspannungsschutz für etwa 500 V., der außerhalb oder innerhalb des Gebäudes angebracht werden kann, gesichert sein. Ein im Gebäude befindlicher Überspannungsschutz soll nahe der Einführung mit dem nötigen Abstand von leicht entzündbaren Teilen liegen. Diesen Zweck erfüllen Überschlagstrecken von etwa 0,5 mm Funkenlänge oder die bei Fernmeldeanlagen üblichen Luftleerblitzableiter mit Grobschutzfunkenstrecke sowie Glimmlampen. Das gleiche gilt für Antennen, die innerhalb der Dachkonstruktion eines Hauses angelegt werden. (Zimmer- und Rahmenantennen bedürfen keines Überspannungsschutzes.)

Eiserne Stangen oder Rohrständer, die als Antennenstützpunkte dienen, sind zu erden. Dieses kann, wenn im oder am Gebäude geerdete oder leicht zu erdende Metallteile vorhanden sind, über diese erfolgen. Vorhandene Blitzschutzanlagen sind mit den Rohrständern zu verbinden (s. Leitsätze des V. d. E. für Gebäudeblitzableiter.)

18. Bei Antennen, die durch Starkstrom-Freileitungen gefährdet sind, ist ferner stets eine Stromsicherung in die Antennenleitung einzuschalten, u. zw. hinter dem Überspannungsschutz (von außen gesehen). Hierzu können die bei Fernmeldeanlagen gebräuchlichen Sicherungen mit Patronen für etwa 2 A Abschmelzstromstärke Verwendung finden.

19. Die Antennen sollen außerdem durch einen nahe der Einführung innen oder außen angeordneten, leicht zugänglichen Erdungsschalter unter Abschaltung des Empfangsapparates unmittelbar geerdet werden, wenn die Anlage nicht gebraucht wird. Die Kontaktteile des Erdungsschalters sollen einem Starkstromschalter für mindestens 6 A entsprechen. Der Griff des Erdungsschalters soll isoliert oder dauernd mit Erde verbunden sein.

Der Querschnitt der Zuleitung zur Schutzerdung soll mindestens den doppelten Querschnitt der Antennenzuführungsleitung bei Verwendung von Kupfer erhalten.

Die Zuleitung zur Schutzerdung ist an eine vorschriftsmäßige Blitzableitererdung anzuschließen. Als solche gilt auch die Wasserleitung, Gasleitung oder Heizungsrohre, wenn diese an die Wasserleitung angeschlossen sind.

Erdzuleitungen außerhalb von Gebäuden sollen in Reichhöhe durch Schutzleisten gegen Beschädigung geschützt werden. Innerhalb von Gebäuden sollen diese Leitungen möglichst kurz gehalten und unter Vermeidung von scharfen Biegungen verlegt werden. Die Führung durch Räume mit leicht entzündlichem Inhalt ist zu vermeiden. Bei Verlegung auf entflammbaren Unterlagen sind Isolierrollen zu verwenden.

Die Apparaterdung darf als Schutzerdung nur mitbenutzt werden, wenn sie den vorstehenden Bedingungen entspricht.

20. Alle Antennenanlagen sind den vorstehenden Leitsätzen entsprechend in ordnungsgemäßem Zustand zu erhalten. Der Besitzer hat sich hiervon in angemessenen Zeitabschnitten zu überzeugen. Mängel sind sofort nach Bekanntwerden zu beseitigen.

9. Das Senden.

Die drahtlose Telegraphie arbeitet im Gegensatz zu der Induktionstelegraphie nicht mit einem am Strahler festhängenden Felde, sondern mit den sich von der Antenne ablösenden und als

Wellen in den Raum hinauswandernden Kraftlinien des elektrischen Feldes. Wir haben in dem vorangehenden Kapitel gesehen, daß wir dann für die Ladung des Strahlkondensators sehr schnelle Wechselströme brauchen, daß wir eben nur mit Hochfrequenzströmen in diesem Sinne telegraphieren können. Der hierfür benutzte Wellenbereich umfaßt die Wellenlängen von 30000 bis zu 30 m, entsprechend den Frequenzzahlen von 10000 bis 10000000 m in der Sekunde. Die üblichen maschinell erzeugten Wechselströme besitzen aber als Lichtstrom in den Stadtnetzen und bei den Überlandzentralen höchsten 60 Perioden in der Sekunde und die speziell als Tonfrequenzmaschinen gebauten Dynamos liefern einen Strom von nicht mehr als 1000 Perioden. Es handelt sich also bei den Wechselströmen für Sendezwecke um Ströme mit außerordentlich hohen Wechselzahlen.

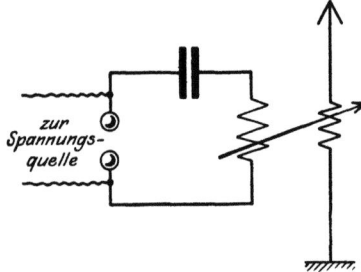

Abb. 91. Einfacher Funkensender.

Lange vor den Versuchen zur maschinellen Erzeugung von Hochfrequenz fand man, daß die Funkenentladungen von Kondensatoren, die man mit einer hohen Spannung geladen hatte, nichts anderes als gedämpfte Schwingungen waren. Entladet man eine Leidener (Kleistsche) Flasche über eine Funkenstrecke, so ist der weiße Entladungsfunke nicht das Bild eines einzigen Ausgleiches, sondern, wie schon bei der Erklärung des elektrischen Schwingungskreises ausgeführt wurde, pendelt über die Funkenstrecke die Energie mehrfach hin und her. Die Schnelligkeit dieser Wechsel hängt nur von den elektrischen Daten des Schwingungskreises, in der Hauptsache also Induktivität und Kapazität, ab. Wir haben also in der Funkenentladung ein bequemes Mittel zur Erzeugung beliebiger, hochfrequenter Ströme.

Diese Erzeugungsart, wie sie in den Kinderjahren der Funkerei angewandt wurde und dieser Telegraphie den Namen gab, hat aber große Nachteile. Der Schwingungsausgleich erfolgt über die Funkenstrecke, die einen sehr hohen Widerstand besitzt, die Schwingung ist also stark gedämpft. Zweitens ist die Zeit, die man zur Wiederaufladung des Kondensators braucht, sehr groß

Das Senden. 79

gegenüber der Funkenübergangszeit, so daß man in einem gewissen Zeitraum gar nicht viel Energie in Hochfrequenz umsetzen kann. Die Pausen sind viel größer als die Arbeitszeiten (Abb. 92). Die Abbildung zeigt die Verhältnisse für normale Dämpfung, normale Wellenlänge und Funkenfolge. Der dritte Nachteil ist der, daß man bei einer üblichen Senderschaltung dieser Art zwei relativ eng gekoppelte Schwingungskreise verwenden muß, bei denen man das Hin- und Herpendeln der Energie nach Abb. 76 erhält, so daß eine Zeitlang die Energie auch noch in dem nicht strahlenden, geschlossenen Funkenstreckenkreis

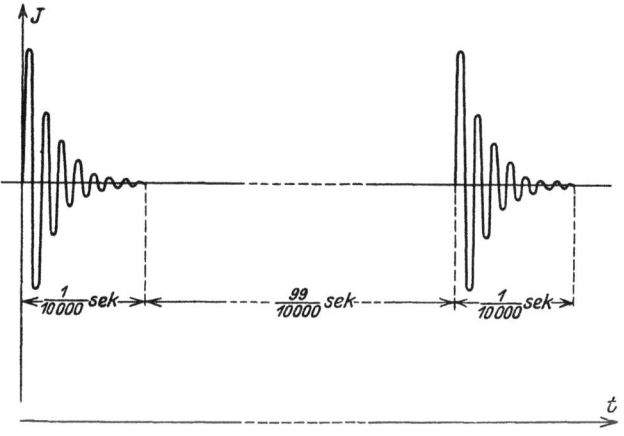

Abb. 92. Beispiel einer Funkenentladung.

bleibt. Hierdurch wird ausgestrahlte Energie noch verringert, und der Sender hat außerdem den Nachteil, daß er doppelwellig strahlt, d. h. daß er zwei Wellen ausstrahlt.

Das Zurückpendeln der Energie ist bei den einfachen Funkensendern dadurch möglich, daß die Funkenstrecke, die den ersten Schwingungskreis schließt, nicht nach dem ersten Funkenübergang wieder wie im Ruhezustand nichtleitend wird, sondern noch einige Zeit wegen der Erhitzung durch den Funken leitend bleibt. Die aus der Antenne nach dem früher genannten Gesetz zurückpendelnde Energie findet den ersten Kreis noch immer leitend. Bei den Löschfunkensendern kühlt man nun künstlich die Funkenstrecke so stark, daß sie in kürzester Zeit wieder nichtleitend wird und nur im ersten Augenblick anspricht. Will dann die an die Antenne abgegebene Leistung wieder in den „Stoßkreis" zurückpendeln, so ist dieser unterbrochen, weil die Löschfunkenstrecke nicht mehr leitet. Die Schwingungsenergie muß also in der Antenne bleiben. Durch diese Stoßerregung erreichen wir, daß die Antenne ausschwingen kann, ganz unbeeinflußt von den Verlusten des Stoßkreises. Ein weiterer Erfolg dieser Anordnung ist die Möglichkeit, die Funkenzahl in der Sekunde zu erhöhen, so daß die in Abb. 92 gezeigten Zwischenzeiten kürzer werden.

In der Telegraphie übermittelt man Nachrichten dadurch, daß man nach einem gewissen Schema, das Morsealphabet, das ein jeder Amateur kennen sollte, aus kurzen und langen Zeichen sich die Buchstaben zusammensetzt und diese Zeichen auf

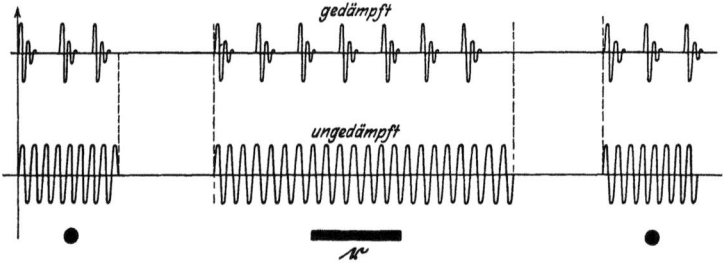

Abb. 93. Gedämpfte und ungedämpfte Zeichengabe.

den Sender gibt. Würde man also mit einem der beiden beschriebenen gedämpften Sender den Buchstaben r geben wollen, so würden wir das obere Bild der Abb. 93 erhalten. Punkte und Striche würden aus einer Serie von Funkenentladungen bestehen, die in Wirklichkeit etwas zahlreicher und weniger gedämpft sind als in der Abbildung, die aus Raummangel nicht so weit auseinander gezogen werden kann.

Aus der Abbildung können wir ersehen, daß die Energieausbeute und damit die Reichweite unseres Senders eine viel größere sein würde, wenn es uns gelänge, an die Stelle der einzelnen gedämpften Schwingungszüge eine dauernd fortschwingende Erregung zu setzen, eine sogenannte ungedämpfte Schwingung. Das Wort „ungedämpft" ist etwas irreführend; es handelt sich hier nicht um eine ungedämpfte Schwingung. denn etwas ganz Verlustfreies können wir überhaupt nicht herstellen,

Das Senden.

sondern um eine Schwingung, bei der der Amplitudenabfall immer rechtzeitig durch Energiezufuhr wieder ersetzt wird, so daß die Schwingungsamplitude immer die gleiche ist. Die Pendelschwingung einer Pendeluhr ist eine derartige, kontinuierliche Schwingung, denn durch die Federkraft wird bei jeder Halbschwingung das Pendel wieder angestoßen, so daß es nicht nach einigen Schwingungen stehen bleibt.

Am naheliegendsten ist es, eine solche Schwingung auf maschinellem Wege herzustellen. Die Schwierigkeiten hierbei werden aber sofort offensichtlich, wenn man bedenkt, daß unsere Drehschleife aus Abb. 57 bei einer solchen Hochfrequenzmaschine schon für die Erzeugung einer langsamen Schwingung von 50000 Perioden, entsprechend einer Wellenlängen von 6000 m, in der Sekunde 50000 Umdrehungen machen müßte; die schnellste, technisch mögliche Drehzahl ist aber 10000 Umdrehungen in der Sekunde. Schon diese Drehzahl ist für schwerere Maschinen nicht mehr anwendbar. Wir haben hier nur die Möglichkeit, die Periodenzahl der Maschine durch Erhöhung der Polzahl zu vergrößern, denn es gilt für Wechselstrommaschinen die leicht ableitbare Formel:

$$f = \frac{p \cdot n}{60}, \qquad (28)$$

worin:
f = Frequenz,
n = minutliche Drehzahl des Ankers,
p = Zahl der Polpaare.

Aus dieser Formel ist ersichtlich, daß wir die Frequenz durch Erhöhung der Polpaarzahl ebensogut wie durch die Heraufsetzung der Drehzahl steigern können. Nach dem ersteren Prinzip arbeiten die Hochfrequenzmaschinen von Alexanderson-Fessenden und Latour. Sie haben wegen der hohen Polzahl einen großen Umfang und müssen sehr sorgfältig gebaut werden. Sie werden aber nur für relativ lange Wellen benutzt. Die deutsche Station Eilvese benutzt ähnliche Maschinen (Synchronmaschinen nach dem Reflexionsprinzip von Goldschmidt).

Eine zweite Art der maschinellen Erzeugung von Hochfrequenzströmen ist die durch ruhende Frequenzvervielfachungstransformatoren. Er wird hierbei durch magnetische Verzerrung eine Stromkurve erzeugt, aus der man Oberschwingungen, das sind Schwingungen von der vervielfachten Grundfrequenz, durch geeignete

Vorrichtungen heraussiebt. Derartige Frequenzwandler sind von Arco, Epstein, Joly, Zenneck, Hund angegeben worden. Wechselstrommaschinen mit diesen Frequenzwandlern arbeiten in der Großstation Nauen.

Die im Grundgedanken älteste und in der Ausführung modernste Art der maschinellen Schwingungserzeugung ist die nach Marconi und Schmidt. Beide knüpfen an den Gedanken der Löschfunkenerregung an. Während aber bei dieser die Funkenfolge so langsam ist, daß zwischen den einzelnen Schwingungszügen große Zeiträume ohne Schwingungserregung bestehen, beabsichtigen diese Methoden, die Stoßzahl bei dieser Stoßerregung so heraufzusetzen, daß die Schwingung gar nicht erst Zeit hat wieder abzuklingen, sondern daß der Antennenkreis im rechten Augenblick wieder angestoßen wird. Es entsteht dann folgendes Bild (Abb. 94).

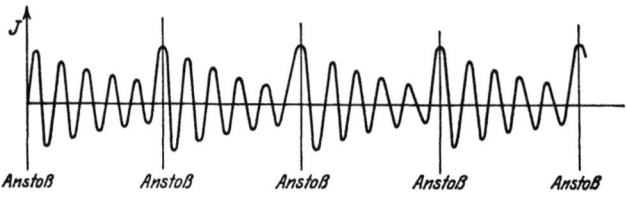

Abb. 94. Taktfunkenerregung.

Wenn der Anstoß im rechten Augenblick erfolgt und die Dämpfung des Schwingungskreises nicht zu groß ist, so daß die Schwingungen nicht allzu schnell abklingen, erhalten wir zwar nicht eine vollkommen ungedämpfte Schwingung, aber eine Schwingung, die nie abreißt.

Marconi erreichte diese Funkenerregung, die man nie in dem notwendigen, schnellen Takt mit einer Löschfunkenstrecke ausführen kann, dadurch, daß bei er seinem Taktfunkensystem mehrere Funkenstrecken in mehreren Funkenstrecken mechanisch so steuerte, daß die erzeugten Schwingungszüge im richtigen Takt sich folgen und in einem mit allen Teilfunkenstreckenkreisen gekoppelten Sammelkreis eine Schwingung nach Abb. 94 erzeugen.

Diese Methode der kontinuierlichen Erregung ist in vielen Großstationen noch in Gebrauch, hat aber den Nachteil, daß die Schwingungen doch recht schnell zwischen den einzelnen Anstößen abklingen, daß also das Schwingungsbild im Endeffekt recht von

Das Senden.

dem gleichmäßigen Verlauf einer ungedämpften Schwingung abweicht. Die Energieumsetzung in diesem System ist natürlich eine günstigere als beim Löschfunkensystem. Bei der Hochfrequenzmaschine von Schmidt wird dieses taktmäßige Anstoßen durch eine Mittelfrequenzmaschine und einen besonders konstruierten Transformator ausgeführt. Die recht erfolgreichen Versuche haben ergeben, daß man mit dieser Anordnung einen guten Wirkungsgrad erzielt und daß die erzeugte Schwingung schon vielmehr der ungedämpften Schwingung sich nähert als die der Taktfunken. Im Gegensatz zu den übrigen Hochfrequenzmaschinen gestattet die Schmidtsche Maschine die Erzeugung von sehr kurzen Wellen, also sehr schnellen Frequenzen.

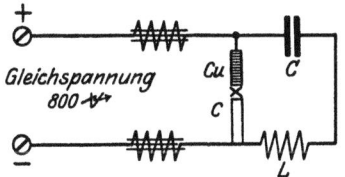
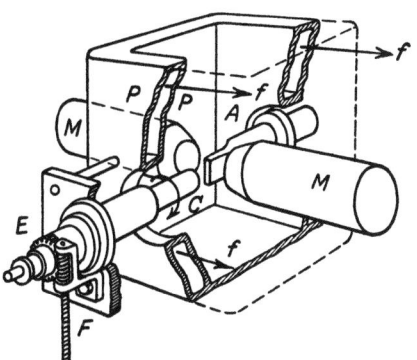

Abb. 95. Prinzip des Lichtbogensenders.   Abb. 96. Aufbau eines Poulsengenerators.

Ein von den maschinellen Methoden zur Erzeugung von Hochfrequenz abweichendes Verfahren ist der Lichtbogengenerator. Da seine Wirkungsweise der Schwingungserzeugung durch Elektronenröhren sehr ähnelt und der Lichtbogengenerator von Poulsen für den Amateur von geringerer Bedeutung ist, will ich mir eine genauere Beschreibung seiner Wirkungsweise versagen und nur kurz seinen Aufbau angeben (Abb. 95). Schaltet man parallel zu einem sehr langen Lichtbogen, der zwischen einer Kupfer- und einer Kohleelektrode übergeht und in einer Wasserstoffatmosphäre brennt, einen Schwingungskreis CL, so zeigt sich bei richtiger Einstellung, daß in dem Schwingungskreis ungedämpfte Schwingungen erzeugt werden, die an Gleichmäßigkeit und Stärke nichts zu wünschen übrig lassen. Der Lichtbogen gibt auch noch Schwingungen ziemlich schneller Frequenz, so daß man mit Lichtbogensendern auch auf kürzeren Wellen arbeiten kann. Mit Lichtbogengeneratoren arbeiten viele amerikanische Großstationen und einige Sender in der deutschen Großstation Königswusterhausen. Die Abb. 96 zeigt den inneren Aufbau eines solchen Generators. A ist die Kupferelektrode, C die aus Kohle, zwischen denen der Bogen übergeht. P ist die Flammenkammer, die mit Wasserstoff gefüllt wird. Zu ihrer Kühlung wird sie in f mit Wasser gekühlt. Durch die starken Elektromagnete M wird weiterhin der Lichtbogen in seiner Schwingungserzeugung günstig beeinflußt. EF ist eine Schneckenradübersetzung, durch die die Kohleelektrode für den gleichmäßigen Abbrand langsam gedreht wird.

Die vierte Methode der Hochfrequenzerzeugung ist die durch Elektronenröhren. Sie wird im Kapitel 14 eingehender besprochen werden.

10. Das Empfangen.

Die Überlegungen im vorangehenden Kapitel haben gezeigt, daß es durch Vermittlung des Äthers möglich ist, eine elektrische Fernwirkung zu erreichen. Durch einen Kunstgriff zwingen wir die elektrischen Feldlinien, sich von der Antenne abzulösen und als Wellen in den Raum mit der Lichtgeschwindigkeit hinauszulaufen. Wir benutzen diese durch die Notwendigkeit einer Hochfrequenzerzeugung doch recht unbequeme Art der Strahlung deshalb, weil die durch sie erreichte Energieübertragung eine viel günstigere ist als diejenige, die man etwa durch die Verwendung des normalen am Kondenastor oder an der Spule gebundenen Streufeldes erreichen könnte.

Der Sendeantenne fällt also die Aufgabe zu, eine bestimmte Energie in den Raum auszustrahlen, von der wir durch Empfangseinrichtungen einen möglichst großen Betrag auffangen und nachweisen müssen, um eine Nachrichtenübertragung herzustellen. Wir haben auch hier wieder den Kopplungsgedanken: zwei Systeme, der Sender und der Empfänger, sollen für eine Energieübertragung gekoppelt werden. Da der Sender ein Schwingungssystem ist und die Übertragung durch Wellen, also durch einen Schwingungsvorgang erfolgt, wird man das Empfangssystem auch als schwingungsfähiges System ausbilden, das man, um den besten Wirkungsgrad zu erhalten, nach dem bekannten Grundsatz aus der Schwingungslehre auf Resonanz abstimmt.

Das Empfangen. 85

Um ein klares Bild uns zu schaffen, müssen wir uns überlegen, welcher Bruchteil der Energie des Senders überhaupt beim Empfänger durch die Ätherübertragung ankommt, mit welchen Größen wir dort rechnen können. Das Feld hatte doch die Form, daß die Feldlinien eines Kondensators in den Raum hinauswandern. Diese Feldlinien geben, wie wir in früheren Kapiteln gesehen haben, die Richtung des Spannungsabfalls an. Da sie senkrecht zu den Potential-(Niveau-)Linien stehen, kommt man beim Entlangwandern auf einer solchen Feldlinie mit jedem Schritt in ein anderes Potential. Diese Feldlinien wandern nun mit Lichtgeschwindigkeit in den Raum hinaus, wobei sie in größerer Entfernung vom

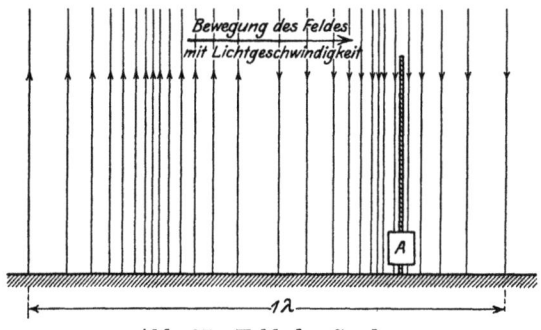

Abb. 97. Feld des Senders.

Sender senkrecht zur Erdoberfläche stehen (Abb. 97). Der Sender erzeugt im Raume somit ein elektrisches Feld, bei dem wir einen Spannungsabfall senkrecht zur Erdoberfläche messen können, z. B. 2 Volt für je einen Meter Höhendifferenz: $2\frac{V}{m}$ Feldstärke. Die Praxis hat gezeigt, daß bei der normalen Ferntelegraphie über den Ozean man mit ungefähr $50\frac{\mu V}{m}$ rechnen kann (bei Telephonie ungefähr $1000\frac{\mu V}{m}$).

Errichten wir einen senkrechten Draht von 20 m Höhe, so wird die genannte Feldstärke so wirken wie eine an seine Enden gelegte Spannung von $20 \text{ m} \cdot 50\frac{\mu V}{m} = 1000\,\mu V = 1\,\text{mV} = 0{,}001$ V. Da das Wechselfeld mit Lichtgeschwindigkeit an der Empfangsantenne vorübereilt, erzeugt es in dem senkrechten Leiter eine Wechselspannung. Diese Wechselspannung läßt dann in den Empfangsapparat einen durch dessen Widerstand bestimmten Wechselstrom fließen.

Der Empfang von drahtlosen Stationen bedeutet also nichts anderes als den Nachweis von schwachen elektrischen Feldern oder nach der obigen Umformung von schwachen Wechselströmen. Bei einer gegebenen Feldstärke hängt die erzielte Stromstärke von der Antennenhöhe und von dem Antennenwiderstand ab, der nach dem erweiterten Ohmschen Gesetz zu errechnen ist. Um einen möglichst guten Empfang zu erzielen, müssen wir also die

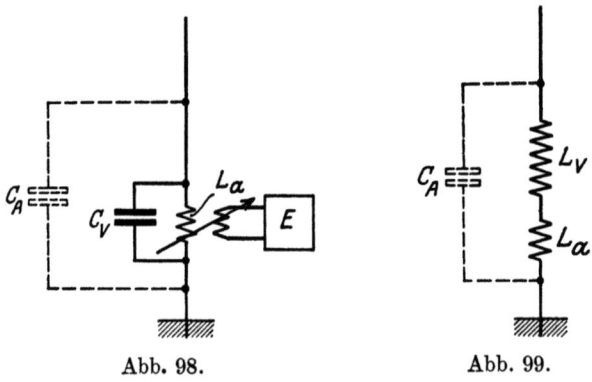

Abb. 98.   Abb. 99.

Antenne hoch machen und außerdem den Antennen- und Empfangsapparatwiderstand recht klein gestalten. Nun wissen wir aber aus dem 7. Kapitel, daß der Wechselstromwiderstand am kleinsten wird, wenn die Klammer unter der Wurzel gleich 0 wird, wenn wir elektrische Resonanz haben. Durch die Größe von Selbstinduktion und Kapazität müssen wir also auch bei der Empfangsantenne für die Empfangsfrequenz oder Empfangswelle diese Resonanz zu erreichen suchen, wir müssen abstimmen.

Da man, wie wir später sehen werden, die verschiedensten Frequenzen zu empfangen hat, genügt es nicht, etwa nur mit der Eigenschwingung der Antenne zu arbeiten, sondern man muß durch Einschalten von Selbstinduktion und Kapazität die Eigenselbstinduktion und die Eigenkapazität der Antenne in der gewünschten Richtung verändern. Sowohl durch Vergrößerung der Kapazität als auch der Selbstinduktion erreichen wir eine

Das Empfangen. 87

Vergrößerung der Wellenlänge (Formel 27). Wir können die Antenne „verlängern", d. h. auf längere Wellen als die Eigenwelle abstimmen, durch Einschalten eines Kondensators (Abb. 98) oder einer Selbstinduktionsspule (Abb. 99). In den Abbildungen ist angenommen, daß zur Ankopplung des Empfangsapparates eine kleine Spule sich immer in der Antenne befindet; außerdem ist die Antenneneigenkapazität durch den Kondensator C_a angedeutet. Für die Berechnung der nun eingestellten Wellenlänge würden dann folgende Größen gelten:

Abb. 98 .... $\lambda = \dfrac{2\pi}{100} \sqrt{(C_a + C_v) \cdot L_a}$,

Abb. 99 .... $\lambda = \dfrac{2\pi}{100} \sqrt{C_a \cdot (L_a + L_v)}$.

Das Einschalten einer Spule oder eines Kondensators würde aber einen Sprung in der Abstimmung geben, um das Abstimmen stetig zu gestalten, verwendet man einen Selbstinduktionsvariator oder einen Drehkondensator, die ein gleichmäßiges Abstimmen gestatten.

Wir haben aber auch die Möglichkeit, die Welle einer Antenne zu „verkürzen". Wir schalten nicht eine Kapazität parallel zu der Antennenspule L_a, sondern

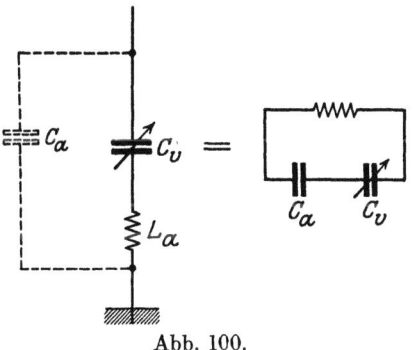

Abb. 100.

direkt in die Antenne. Die Zusatzkapazität liegt dann in Reihe mit der Antennenkapazität (Abb. 100). Ein Beispiel: Die Antennenkapazität C_a sei 500 cm, die des Zusatzkondensators $C_v = 200$ cm. War ohne C_v die Kapazität:

$$C_\Sigma = 500 \text{ cm},$$

so ist bei der Reihenschaltung (Formel 12)

$$\dfrac{1}{C_\Sigma} = \dfrac{1}{C_a} + \dfrac{1}{C_v}; \quad C_\Sigma = \dfrac{C_a \cdot C_v}{C_a + C_v},$$

$$C_\Sigma = \dfrac{500 \cdot 200}{700} = \dfrac{100\,000}{700} = 143 \text{ cm},$$

88 Die Elemente der drahtlosen Fernmeldetechnik.

also bedeutend kleiner. Durch diese Schaltung kann man die Kapazität einer Antenne bis auf die Hälfte verringern, die Eigenwelle also auf das 0,7fache herabdrücken. Da die Eigenkapazität und die Eigenselbstinduktion eines Luftleiters mit seiner Länge wächst, wird man für kurze Wellen die Antenne sehr klein gestalten müssen, denn für eine Linearantenne beträgt ja schon die Eigenwelle das Vierfache der Länge. Man wird dann immer zum Verkürzungskondensator greifen, denn allzu kurze Antennen nehmen zu wenig aus dem Felde auf. Umgekehrt würde für sehr lange Wellen der Luftleiter zu große Dimensionen annehmen müssen, wenn man nicht durch Spule und Parallelkapazität ihn verlängerte. Bei Sendeantennen,

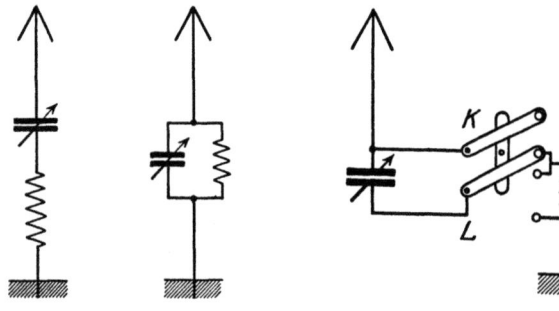

Abb. 101. Kurz-Langschaltung.   Abb. 102. Kurz-Langschalter.

bei denen es sehr auf den Übertragungswirkungsgrad ankommt, verzichtet man auf diese Hilfsmittel und baut sehr große Antennenanlagen (Nauen, Königswusterhausen). Die Umschaltung der Empfangsantenne auf kurze und lange Wellen geschieht am besten durch den sogenannten „Kurz-Langschalter" (Abb. 102).

Unsere Empfangsantenne sei nun so dimensioniert, daß das Wechselfeld eines entfernten Senders in ihr einen möglichst starken Strom induziert, wobei unter stark natürlich nur Bruchteile eines Milliampere verstanden sind. Wir müssen jetzt diesen Wechselstrom nachweisen, für die Telegraphie entweder an einem Zeigerinstrument, mit einem Zeichenschreiber oder mit einem Telephon, bei der Telephonie nur im Telephon oder Lautsprecher. Der Empfangswechselstrom ist ein Hochfrequenzstrom mit einer Periodenzahl von ungefähr 50000 bis 3000000 in der Sekunde. Ein einfacher Versuch lehrt aber, daß unser Ohr nur Frequenzen

Das Empfangen. 89

bis höchstens 20000 Schwingungen in der Sekunde noch wahrzunehmen vermag. Würden wir den Hochfrequenzstrom somit durch ein genügend empfindliches Telephon schicken, so könnte, auch wenn die träge Telephonmembran die äußerst schnelle Schwingung mitmachen würde, unser Ohr nichts hören. Zum Empfang muß also zwischen Antenne und Aufnahmeorgan ein besonderes Umformorgan eingeschaltet werden. Man kann auch den Antennenstrom durch ein direktes Zeigerinstrument nachweisen, aber diese Instrumente müssen zumal für Wechselstrom ganz außerordentlich empfindlich sein und kommen an sich nur für Telegraphie und für Messungen in Frage, außerdem sind sie für den Amateur zu teuer. Im folgenden wollen wir uns mit dem Hörempfang beschäftigen.

Eine Hörempfangsmöglichkeit wurde, abgesehen von den ersten, ganz primitiven Anordnungen, zuerst durch den Detektor geschaffen. Unter einem Detektor versteht man eine Anordnung, die in der Lage ist, schwache Wechselströme gleichzurichten; ein Detektor ist also eine Einrichtung, die bei Anlegen einer geringen Wechselspannung den Strom nur oder fast nur in der einen Richtung hindurchläßt. Am gebräuchlichsten sind die Kristalldetektoren geworden, die aus einem Kontakt mit schwachem Druck zwischen einem Metall und einem Kristall oder zwischen zwei Kristallen besteht. Übliche Kombinationen sind:

Silizium gegen Gold,   Rotzinkerz gegen Kupferkies,
Karborund gegen Neusilber,   Bleiglanz gegen Tellur.
Pyrit gegen Bronze,
Bleiglanz gegen Graphit,

Ein Bild von der Wirkungsweise des Detektors verschaffen wir uns am besten durch Zeichnung seiner Charakteristik oder Kennlinie (Abb. 103). Die Zeichnung gilt für einen Pyritdetektor, an dessen Anschlüsse eine von — 1,0 bis + 1,0 Volt veränderliche Spannung gelegt wurde. Man untersucht dann den Strom, den der Detektor hindurchläßt, und trägt ihn je nach seiner Richtung in das Koordinatennetz ein. Man sieht aus der Kurve deutlich, daß bei Spannungen in der einen Richtung (negativ) der Detektor fast gar keinen Strom hindurchläßt, während in der anderen Richtung die Stromkurve stark ansteigt. Man kann auch sagen: der Detektor setzt Strömen verschiedener Richtung verschiedenen

90   Die Elemente der drahtlosen Fernmeldetechnik.

Widerstand entgegen. Diese Wirkungsweise läßt sich durch einen Elektronenübergang erklären, auf den hier nicht näher eingegangen werden soll.

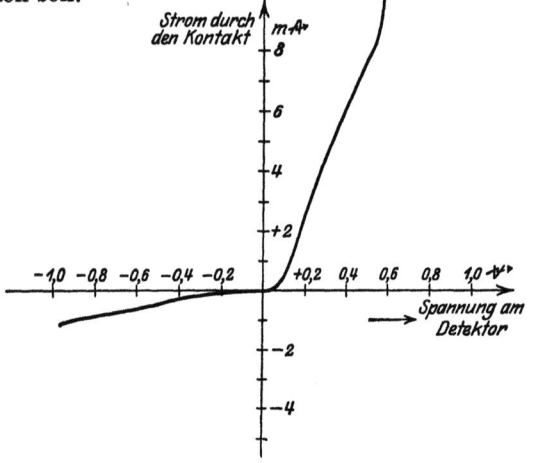

Abb. 103. Kennlinie eines Pyritdetektors.

Schicken wir durch einen solchen Detektor einen schwachen Wechselstrom, so wird dieser gleichgerichtet, wenn auch nicht vollkommen (Abb. 104). Der Strom fließt hauptsächlich nur in der einen Richtung. (Der nicht gleichgerichtete Wechselstrom ist gestrichelt gezeichnet.)

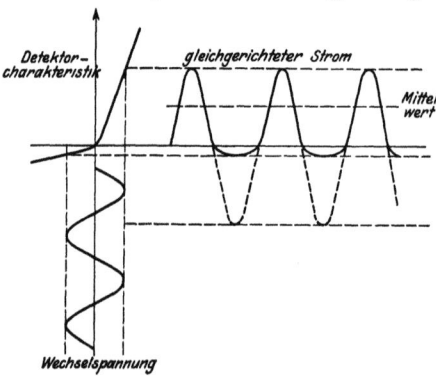

Abb. 104. Gleichrichtung durch den Detektor.

Wenn wir nun die Wechselzahl des Stromes sehr hoch wählen, so wird von einer bestimmten Grenze ab die Telephonmembran den schnellen Schwingungen nicht mehr folgen können, da die eine Halbwelle die Wirkung der vorhergehenden wieder aufhebt. Die Membran bleibt dann eben auf einem mittleren Wert stehen. Bei jedem Wechselstrom, der durch die Gleichförmigkeit seiner Halbwellen definiert ist,

ist dieser Mittelwert Null; die Membran bewegt sich überhaupt nicht. Ist nun aber der Wechselstrom gleichgerichtet, so wird die eine Halbwelle vollkommen unterdrückt oder wenigstens verkleinert, der Mittelwert dieses Wellenstromes ist somit von Null verschieden. Bei sehr schnellen Wechseln würde die Telephonmembran bei einem solchen Strom für die Zeit der Stromdauer angezogen bleiben. Schalten wir einen Detektor in unsere Emp-

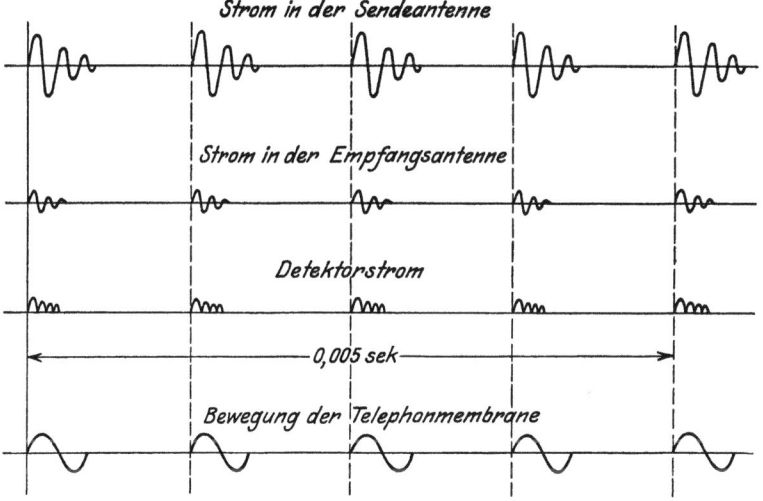

Abb. 105. Der Vorgang beim Empfang eines tof-Senders.

fangsantenne und dahinter ein Telephon, so würden wir beim Empfang einer ungedämpften Welle jedesmal beim Einsetzen und beim Verschwinden einen Knack im Telephon hören (Anziehen und Loslassen der Membran). An Stelle der vom Sender gegebenen Morsezeichen würden wir im Telephon ein unregelmäßiges Knakken hören, während wir ohne Detektor gar nichts (Mittelwert gleich Null) hören würden Bei einem gedämpften Sender liegen die Verhältnisse günstiger. Diese Sender geben als Zeichen nicht eine ununterbrochene Welle, sondern im schnellen Takt gedämpfte Schwingungszüge. Bei jedem Schwingungszug wird die Membran bei dem Vorhandensein eines Detektors angezogen und losgelassen, haben wir 1000 Schwingungszüge in der Sekunde, so macht das Telephon 1000 mal in der Sekunde diesen Vorgang durch, wir hören einen musikalischen Ton (Abb. 105). Deshalb nennt man häufig diese Löschfunkensender auch Tonfunkensender (tof).

Um drahtlos telephonieren zu können, müssen wir irgendwie die Sprachschwingungen auf die Senderschwingung übertragen. Im Kapitel 2 war die Wirkungsweise des Mikrophons, das die Schallschwingungen in Widerstandsschwankungen umsetzt, so erklärt worden, daß die Schallschwingungen in elektrische Stromstärkeschwankungen umgesetzt auf dem Gleichstrom als Trägerstrom

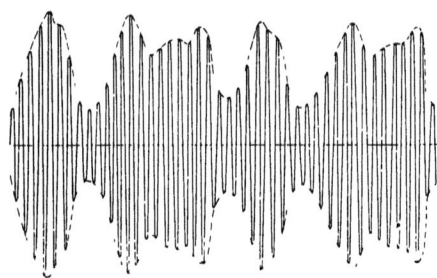

Abb. 106. Modulierte Hochfrequenzschwingung. Vokal a.

reiten. Benutzen wir das gleiche Prinzip für den Senderstrom, so würde das heißen, daß man durch das Mikrophon den Hochfrequenzstrom in der Antenne variiert (Abb. 106). Es ist hier die Schwingung des Vokals a von einer Baßstimme gesungen auf einen Hochfrequenzstrom übertragen worden; wie beim Gleichstrom wird hier der sehr schnelle Wechselstrom als Trägerstrom benutzt. Man nennt diesen Vorgang Modulation der Sendeschwingung.

Bei der Modulation eines Hochfrequenzstromes ist zu beachten, daß die Frequenz des Trägerstroms eine viel höhere als die des Modulationsstromes sein muß, damit der Verlauf des Hochfrequenzstromes sich genau den feinsten Spitzen der Schall-

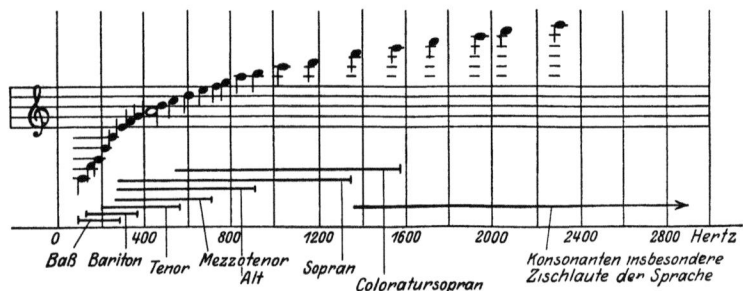

Abb. 107. Frequenzbereich der menschlichen Stimme.

Das Empfangen. 93

schwingungen anschmiegen kann. Da die höchste, musikalische Schallschwingung zu ungefähr 15000 Schwingungen in der Sekunde anzusetzen ist, muß die Sendeschwingung mindestens 50000 Schwingungen auf Grund dieser Überlegung besitzen; die längste Telephoniewelle wäre demnach 6000 m (Abb. 107).

Auch dieser modulierte Hochfrequenzstrom ist im Telehpon nicht hörbar, denn sein Mittelwert ist wegen der Symmetrie zur Zeitachse gleich Null. Richten wir durch einen Detektor aber diesen modulierten Strom gleich, so ist der Mittelwert des gleichgerichteten Stromes von Null verschieden und die Kurve des

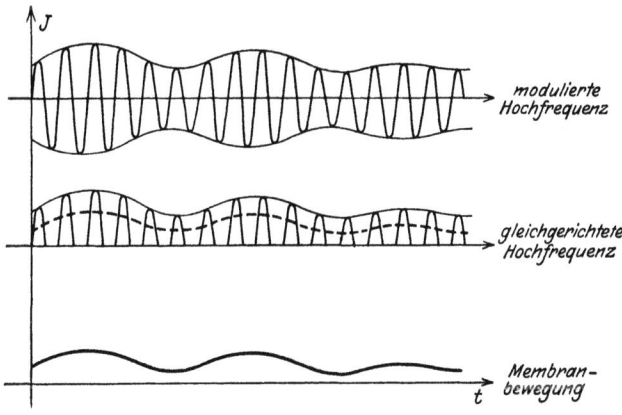

Abb. 108. Detektorempfang von modulierter Hochfrequenz.

mittleren Wertes folgt der Modulationskurve, also der Sprachkurve (Abb. 108). Der Detektor macht also den an sich unhörbaren, modulierten Hochfrequenzstrom hörbar. Wir fassen nochmals zusammen, der Detektor ermöglicht den Empfang der gedämpften Schwingungen von Tonfunkensendern und der modulierten Schwingungen von Telephoniesendern, während ungedämpfte Telegraphiesender bei Detektorempfang so gut wie unhörbar bleiben.

Nach dieser prinzipiellen Betrachtung über die Möglichkeiten des Detektorempfanges müssen wir uns ein Bild über die wichtigsten Schaltmöglichkeiten eines Detektorempfangsapparates machen. Da die Empfangsströme zuerst in der Antenne induziert werden, liegt es nahe, die Gleichrichtung durch den Detektor und den Hörnachweis mit dem Telephon sogleich in der Antenne

94 Die Elemente der drahtlosen Fernmeldetechnik.

vorzunehmen. Die Schaltung würde dann wie Abb. 109 aussehen. Ein normaler Detektor hat einen Widerstand von ungefähr 2000 Ohm, die Antenne erhält also durch ihn einen sehr hohen Widerstand. Das ist an und für sich schon deshalb sehr nachteilig, weil bei einer bestimmten Feldstärke der in der Antenne induzierte Strom von deren Widerstand abhängig ist. Durch das Einschalten des hohen Detektorwiderstandes würde der Antennenstrom sehr herabgesetzt werden.

Es kommt aber noch ein zweiter, schwerwiegender Nachteil von prinzipieller Bedeutung hinzu. Betrachten wir einmal zwei Schwingungskreise, die nach einer der drei Kopplungsmethoden (Abb. 46) gekoppelt sein mögen, mit

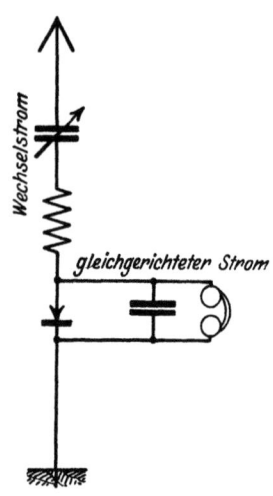

Abb. 109. Ungünstige Detektorschaltung.

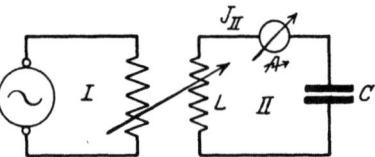

Abb. 110. Kopplung des Meßkreises.

Rücksicht auf die Ströme in ihnen (Abb. 110). Wir benutzen dazu eine Wechselstrommaschine, die über eine Kopplungsspule geschlossen ist und die wir verschieden schnell laufen lassen, so daß der erzeugte Wechselstrom einen ganzen Frequenzbereich durchläuft. Mit dem Maschinenkreis ist ein Schwingungskreis gekoppelt, der einen Strommesser enthält und dessen Eigenschwingung durch feste Wahl von C und L festgelegt ist. Verändert man nun die Frequenz des Erregerstroms durch Variation der Drehzahl der Maschine und beobachtet man gleichzeitig das Amperemeter im Schwingungskreis, so sieht man, wie zuerst der Strom so ziemlich unverändert bleibt (Abb. 111), bis dann plötzlich ein starker Anstieg erfolgt, der seinen Höhepunkt in der Resonanzlage R, wo die Frequenz des Erregerstroms gleich der Eigenschwingung des Schwingungskreises ist, erreicht. War sonst der Strom außerhalb der Resonanzlage knapp 0,1 Ampere, so steigt

Das Empfangen. 95

er nun auf über 0,7 Ampere an. Wir hatten ja auch in diesem Sinne die Resonanz als Optimum der Energieübertragung beim Gleichtakt der Schwingungen definiert. Hätten wir für unsere Messung ein sehr unempfindliches Meßinstrument, das erst bei Strömen über 0,2 Ampere anspricht, benutzt, so würde dies nur bei Frequenzen zwischen 510 und 730 Perioden in der Sekunde ansprechen. Wir haben also nur einen ganz fest begrenzten Frequenzbereich, in dem ein stärkerer Strom zum Fließen kommt. Der genannte Frequenzbereich gibt uns durch seine Breite die Abstimmschärfe oder Lochweite des Kreises an.

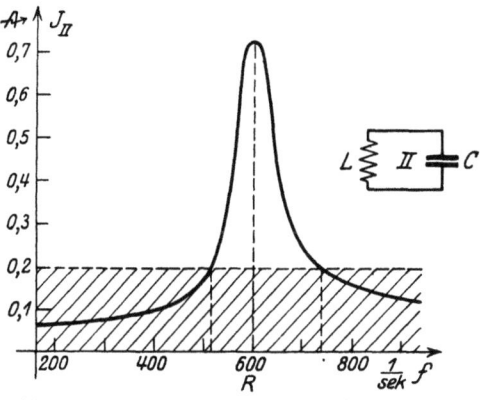

Abb. 111. Resonanzkurve bei schwacher Dämpfung.

Versuche haben gezeigt, daß diese Abstimmschärfe stark vom Kopplungsgrad und von der Dämpfung des Kreises abhängig ist. Bringt man z. B. in den Schwingungskreis noch einen großen Ohmschen Widerstand (Abb. 112), so zeigt sich, daß die Resonanz-

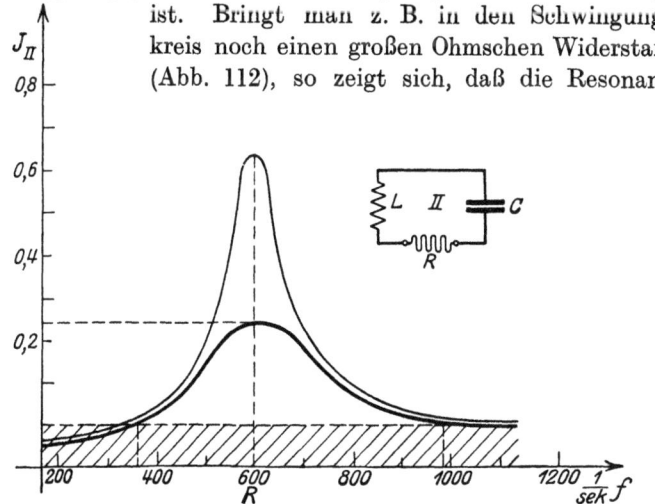

Abb. 112. Resonanzkurven bei starker Dämpfung.

kurve nicht wie vorher auf so hohe Stromwerte hinaufschnellt, denn die Spitzenhöhe dieser Kurve ist ja nur vom Ohmschen Widerstand abhängig. Aber wir erfahren noch mehr, die Resonanzkurve ist verhältnismäßig breiter geworden. Wir hatten bei der vorhergehenden Abbildung als Lochbreite definiert den Frequenzbereich, in dem die Stromstärke von 0,73 Ampere auf 0,2 Ampere gesunken ist; nehmen wir das gleiche Stromstärkenverhältnis auch für die zweite Kurve an, so sehen wir, daß die Lochbreite eine erheblich größere geworden ist: von 360 bis 990 Perioden in der Sekunde. **Starke Dämpfung im Schwingungskreis vermindert die Abstimmschärfe!**

Aus dem Kapitel über Kopplung wissen wir, daß bei fester Kopplung die Schwingungsenergie zwischen dem Erreger- (Primär-) Kreis und dem Aufnahme- (Sekundär-) Kreis schnell hin und herpendelt, daß also feste Kopplung zeitweise wie Energieentziehung wirkt. Aus diesem Grunde gilt wie oben: **feste Kopplung vermindert die Abstimmschärfe!**

Für den drahtlosen Empfang ist der Begriff der Abstimmschärfe oder Lochbreite von größter Bedeutung. Gelingt es uns, durch scharfe Abstimmung einen Empfänger nur auf einen Sender einzustellen, so haben wir die Möglichkeit, **mehrere Sender und Empfänger gleichzeitig zu betreiben.** Wir haben nur unsere Sender und Empfänger auf bestimmte, untereinander verschiedene Frequenzbereiche, also Wellenlängen, abzustimmen und **jedes Paar arbeitet unabhängig von dem anderen.** Je schmaler nun das Frequenzloch ist, in dem die Wellen auf die einzelnen Empfänger einwirken können, je größer also die Abstimmschärfe ist, um so mehr Sender und Empfänger auf verschiedenen Wellen können wir gleichzeitig einsetzen. Betrachten wir die Verhältnisse von dem Standpunkt eines einzelnen Empfängers, so bedeutet große Abstimmschärfe für ihn Störungsfreiheit gegenüber den anderen auf benachbarten Frequenzbereichen arbeitenden Sendern. Besitzt umgekehrt unser Empfänger wegen zu großer Dämpfungen und zu enger Kopplung eine geringe Abstimmschärfe, so hören wir während des Rundfunkkonzerts noch eine ganze Zahl anderer Sender „durch", seien es Schiffsstationen oder andere Rundfunkstationen. Auch bei den Sendern wird jeder Konstrukteur darauf achten, daß die Lochbreite der Senderschwingungen eine möglichst kleine ist, damit wir recht viel Sender in einem

Das Empfangen. 97

kleinen Wellenbereich unterbringen können. Sehr abstimmscharfe Geräte nennt man auch selektiv.

Untersuchen wir nach diesem Gesichtspunkt die Schaltung Abb. 109, so erkennen wir, daß ihre Selektivität eine sehr geringe ist, denn ihr normaler Antennenwiderstand von vielleicht 20 Ohm wird durch den Detektor auf einige tausend erhöht. Bei dieser Schaltung ist der Drehkondensator fast überflüssig, denn bei der Flachheit der Resonanzkurve ist die Lochbreite so groß, daß die Schwingungen aller Stationen hindurchgelassen oder aufgenommen werden. Natürlich ist auch wegen des hohen Widerstandes der Empfangsstrom ein schwächerer.

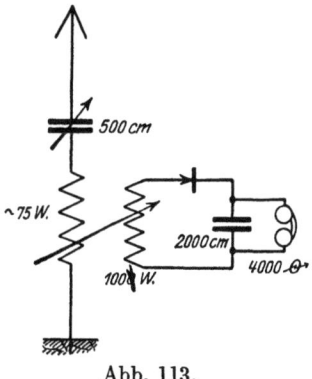

Abb. 113.

Beiden Forderungen, sowohl der Abstimmschärfe als auch des geringen Antennenwiderstandes, werden wir durch die nächste Schaltung (Abb. 113) gerecht. Hier ist die Antenne ein normales, abstimmfähiges System, mit dem ein Detektorkreis gekoppelt ist. In der Abbildung ist eine induktive Kopplung beider Kreise, bestehend aus zwei Klappspulen oder einem Koppler, angegeben. Die Antenne kann nun in scharfe Resonanz mit der Sendewelle gebracht werden, der Detektorkreis wird lose angekoppelt und in ihm geschieht die Gleichrichtung. Der Detektorkreis ist aperiodisch gehalten, d. h. durch die Detektordämpfung und geeignete Wahl der sonstigen Dimensionen des Kreises wird vermieden, daß er schwingungsfähig ist. Der Telephonkondensator hat die Aufgabe, den eventuellen Hochfrequenzwiderstand des Telephons kurzzuschließen, während er für die Sprachfrequenzen wegen seiner Kleinheit einen hohen Widerstand bietet.

In der Abb. 46 waren die drei möglichen Kopplungsarten elektrischer Kreise angegeben; wir wollen diese Zusammenstellung hier durch die Angabe von Kombinationskopplungen erweitern (Abb. 114). Die galvanisch induktive Kopplung entsteht aus der rein galvanischen durch die Verwendung einer Induktionsspule an Stelle des Kopplungswiderstandes, während bei der galvanisch kapazitiven Kopplung die Spannung an einem Reihenkondensator abgegriffen wird. Um den Detektorapparat möglichst einfach

Riepka, Lehrkurs. 7

98 Die Elemente der drahtlosen Fernmeldetechnik.

zu halten, ersetzt man häufig die induktive Kopplung von Abb. 113 durch eine galvanisch induktive nach Abb. 115. Als Anzapfspule wird dann häufig eine Schiebespule verwendet, bei der man, wenn zwei Reiter vorhanden sind, sogar noch den Drehkondensator sparen

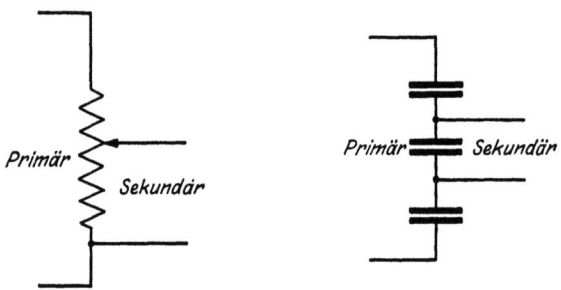

Abb. 114. Galvanisch-induktive und galvanisch-kapazitive Kopplung.

kann, indem man die Antenne mit dem zweiten Schieber durch Veränderung der eingeschalteten Spulenwindungszahl verändert.

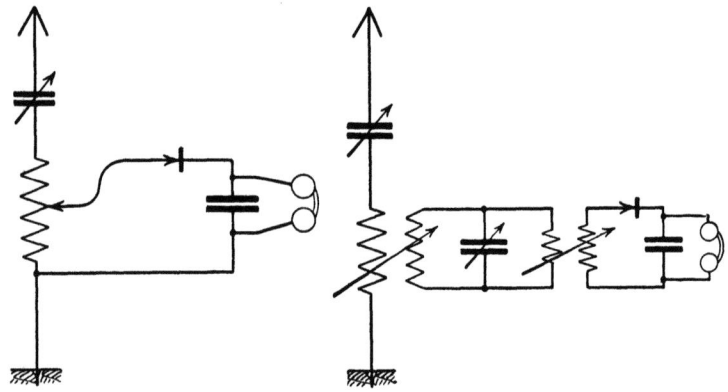

Abb. 115. Detektorkopplung mit Schiebespule.   Abb. 116. Sekundärempfang.

Die Erfahrung lehrt, daß man die Selektivität eines Gerätes ganz bedeutend steigern kann durch die Zwischenschaltung von einzelnen Abstimmkreisen, die alle auf die gleiche Empfangswelle abgestimmt werden; wir kommen so zu Sekundärempfängern (Abb. 116), Tertiärempfängern usf. Die Zahl der Schwingungskreise bestimmt den Namen.

11. Die Elemente der Elektronenröhren[1]).

Das wichtigste Hilfsmittel der drahtlosen Fernmeldetechnik und großer Gebiete der Elektrotechnik überhaupt ist im letzten Jahrzehnt die Elektronenröhre geworden. In kürzester Zeit hat sie sich von einem heiklen Laboratoriumsinstrument zu einem unentbehrlichen, technisch vollkommen durchgebildeten Gerät des Forschers, Ingenieurs und auch des Radioamateurs aufgeschwungen. Da die A.V.E. diejenige Urkunde ist, die dem Amateur erst das Arbeiten mit Verstärkerröhren in eignen Versuchsanlagen gestattet, so muß gerade in diesem Buche den Grundlagen der Röhrentechnik ein breiter Raum gewidmet werden. So muß auch die Theorie der Elektronenröhren jedem A.V.E.-Anwärter wenigstens in großen Umrissen vertraut sein.

In dem Kapitel über den elektrischen Strom war niedergelegt, daß ein elektrischer Strom nichts anderes als eine Gesamtheit von fließenden Elektronen ist. Der Elektronenvorrat hierfür wird gestellt von den freien Elektronen in denjenigen Stoffen, die wir Leiter nennen, und den frei gemachten Elektronen, die bei elektrolytischen Vorgängen mit den Molekülbruchteilen wandern. Diese Theorie erklärt noch nicht die Möglichkeit eines Leitendwerdens von Gasen, die doch bei den Funken- und Lichtbogenübergängen für den Stromübergang gegeben sein muß. Die langjährigen Untersuchungen haben folgendes erwiesen:

Bei sehr hohen Spannungen können Elektronen aus den Leitern in den umgebenden Raum austreten.

Aus Metallen können ebenso Elektronen austreten bei Bestrahlung der Metalloberfläche mit aktivem Licht.

Auch aus glühenden Metallen werden Elektronen freigemacht.

Bringen wir z. B. einen Leiter auf sehr hohe Spannungen gegenüber seiner Umgebung, so beginnt er an seinen scharfen Kanten Sprühentladungen zu zeigen. An diesen Ecken werden die durch die Ladung erzielten Feldstärken so groß, daß die Elektronen aus dem Leiter herausgedrängt werden. Das ist aber nur der Anfang; denn diese austretenden Elektronen stoßen dort auf die Gasteilchen, auf die Gasmoleküle, die sich in nächster

---

[1]) Eine eingehendere Behandlung findet man in dem Büchlein des Verfassers: „Die Röhre und ihre Anwendung", 2. Auflage, Verlag Julius Springer, Berlin.

Umgebung des geladenen Körpers befinden. War die Spannung sehr hoch und damit die Elektronenaustrittsgeschwindigkeit groß, so prallen die Elektronen sicher einmal mit einem solchen Gasmolekül zusammen. Dieser Anprall kann so stark werden, daß das Gasmolekül oder Atom einfach entzwei geht, d. h. es macht aus seinem Atomgefüge (siehe Atombau) Elektronen frei, die nun ihrerseits unter dem Einfluß des Feldes des geladenen Körpers weiterfliegen, mit Gasatomen zusammenprallen, Elektronen freimachen usf. Dieser Vorgang wächst mit lawinenartiger Geschwindigkeit an und macht in kurzer Zeit das ganze Gas leitend. Man nennt ihn Stoßionisation.

Um die Elektronen zu bewegen, aus kalten Leitern auszutreten, braucht man, wie soeben festgestellt wurde, sehr hohe Spannungen (Funkenentladungen). Es hat sich aber gezeigt, daß man genau den gleichen Effekt erreicht bei niedrigen Entladungsspannungen, wenn man die Elektroden, zwischen denen der Übergang stattfinden soll, mit ultraviolettem Licht bestrahlt (Photoeffekt). Da diese Anwendung wenig technische Bedeutung erlangt hat, brauche ich nicht weiter auf sie einzugehen.

Von größter Wichtigkeit ist aber, daß man auch mit geringen Entladungsspannungen auskommt, wenn man eine Elektrode zum Glühen bringt. Die Erklärung dieses Vorganges ist plausibel. Die Wärmeenergie eines Körpers ist nichts anderes als die Bewegungsenergie der sich schnell hin- und herbewegenden Atome. Sobald ein Körper eine höhere Temperatur als -273^0 C besitzt, befinden sich seine Atome oder Moleküle in schnellster Pendelbewegung. Erhitzt man den Körper immer mehr, so wird die Bewegung lebhafter, bis der Zusammenhang des Materials so lose wird, daß wir den Körper flüssig nennen. Steigert man die Erhitzung noch weiter, so machen sich die Atome durch die Wärmebewegung ganz frei, der Körper verdampft.

Es liegt auf der Hand, daß bei Leitern die freien Elektronen irgendwie durch die Wärmebewegung der Atome in Mitleidenschaft gezogen werden; diese Mitleidenschaft äußert sich nun darin, daß die Elektronen von bestimmten Temperaturen ab mehr oder weniger nachdrucksvoll aus dem Leiter herausgeworfen werden. Daher zeigen alle Metalle bei höheren Temperaturen diese Elektronenemission. Man findet diese Elektronenemission bei Glühtemperaturen nicht nur bei Metallen, sondern auch bei

Die Elemente der Elektronenröhren. 101

einigen anderen Stoffen, z. B. Kohle. Der elektrische Lichtbogen ist nichts anderes als die Elektronenemission einer glühenden Kohleelektrode. Auch hier pflanzt sich der Vorgang durch Stoßionisation im Gase schnell fort. Es ist zu bemerken, daß wir im Gegensatz zur **Funkenentladung bei kalten Elektroden** bei **glühenden Elektroden Lichtbogen** finden.

Für eine reine Elektronenemission ist nun die Erscheinung der Stoßionisation sehr störend, denn bei irgendeiner Messung würde man nie genau den Emissionsstrom der Glühelektrode messen, sondern auch die von der Stoßionisation herstammende Elektronenzahl. Da die Stoßionisation aber ein Zusammentreffen der ursprünglichen Elektronen mit Gasteilchen ist, kann man diese Erscheinung am besten dadurch vermeiden, daß man die Gasteilchen von vornherein entfernt. Wir müssen also die Glühkathode in ein Gefäß einschließen und das Gas darin entfernen, auspumpen. Diese Evakuierung ist aber nicht ganz einfach, denn in jedem Kubikzentimeter Gas sind unter normalen Verhältnissen $2 \cdot 10^{19}$ (20 Trillionen) Moleküle enthalten, die man wenigstens größenteils zu entfernen hat. Die Luftverdünnung zur Vermeidung der Stoßionisation muß recht hoch sein, mindestens ein Millionstel Millimeter Quecksilbersäule.

Um nun den in das Vakuum eingesperrten Leiter auf die für Elektronenemission notwendige Temperatur zu bringen, führen wir ihn am besten als Draht in das Gefäß ein und erhitzen ihn durch einen elektrischen Strom, den Heizstrom. Messen wir dann die Zahl aller austretenden Elektronen, so erhalten wir ein gutes Bild über den Verlauf der Emission. Machen wir uns eine graphische Darstellung der Abhängigkeit der Emissionsstromstärke von der Glühfadentemperatur, so erhalten wir die Kurve der Abb. 117. Die Kurve zeigt, wie mit steigender Temperatur des glühenden

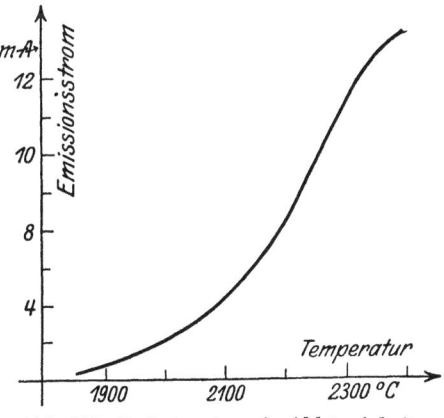

Abb. 117. Emissionstrom in Abhängigkeit von der Temperatur.

Drahtes der Emissionsstrom wächst. Sie zeigt außerdem, daß die Emissionsströme relativ schwache Ströme sind. Richardson hat als erster die Zusammenhänge durchforscht und gefunden, daß die Stärke des Emissionsstroms abhängig ist von der Glühdrahtoberfläche, der Glühtemperatur und dem Drahtmaterial. Man benutzte zuerst, als die Zusammenhänge noch wenig erforscht waren, Materialien, die eine recht hohe Temperatur vertrugen, wie Platin, Tantal, Wolfram, da ja die Emission mit der Temperatur steigt. Später fand man, daß einige Materialien wir Thorium und die Oxyde und Hydride einiger Metalle schon bei geringen Temperaturen große Emissionen zeigen, so daß man sie nicht stark zu heizen braucht und mit schwachen Heizströmen auskommt. Diese Sparröhren oder Miniwattröhren (Dullemitter) brauchen also ganz geringe Heizleistungen.

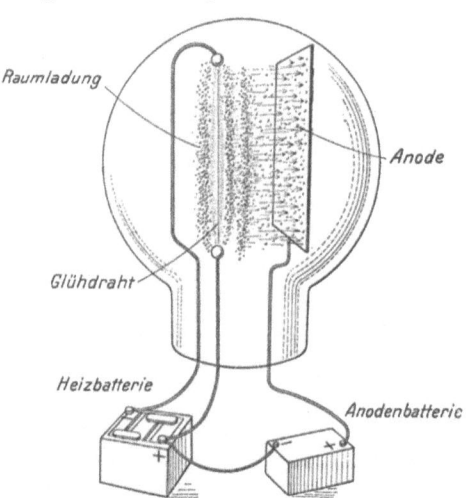

Abb. 118. Phantasiebild der Elektronenemission.

Verfolgt man den Vorgang der Elektronenemission genauer, so findet man, daß die Elektronen nicht aus dem Heizfaden herausgeschossen werden, sondern mit ganz geringer Geschwindigkeit austreten. Da sie als negative Teilchen aus dem vorher neutralen Glühfaden austreten, wird dieser ihnen gegenüber positiv und hält sie dann in ihrer Fortbewegung zurück. Sie bleiben also in der Nähe des Fadens, wie die schweren Nebelschwaden über einer Wiese am Abend ruhen sie über dem Faden. Sämtliche Elektronen sind negativ, also gleich geladen, sie stoßen sich nach dem Ellbogenrecht gegenseitig ab. Diese Raumladung verhindert natürlich auch diejenigen Elektronen, die erst noch aus dem Faden austreten wollen, an dem Heraustreten. Es treten unter diesen Umständen viel weniger Elektronen aus dem Faden aus, die Emission wird kleiner.

Die Elemente der Elektronenröhren. 103

Dieser Raumladungserscheinung kann man entgegenwirken, indem man für einen schnellen Abfluß der schon emittierten Elektronen sorgt. Man erreicht dies dadurch, daß man gegenüber dem Glühdraht, den man im Vergleich mit den elektrolytischen Vorgängen Glühkathode nennt, eine Anode anbringt, eine Platte, die dauernd auf einem positiven Potential gehalten wird und somit die Elektronen anzieht. Je nach der positiven Spannung der Platte gegenüber der Kathode und je nach ihrer Entfernung erfüllt die Anode ihre Aufgabe der Raumladungszerstreuung mehr oder weniger gut, so daß bei allmählicher Steigerung der Anodenspannung der scheinbare Emissionsstrom langsam anwächst, bis er den Wert erreicht hat, der beim Fehlen jeglicher Raumladung

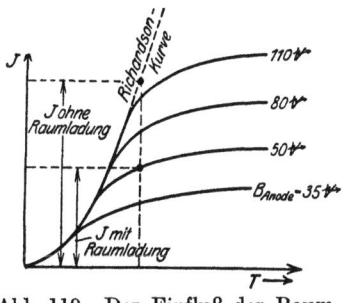

Abb. 119. Der Einfluß der Raumladung. $B =$ Anodenspannung.

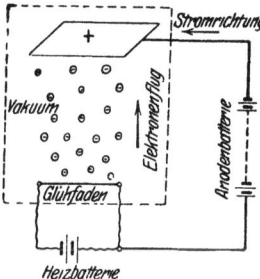

Abb. 120. Stromrichtung und Elektronenflug.

sich einstellen würde (Abb. 119). Wir nennen diejenige Emission, die sich beim Fehlen der Raumladung oder bei ihrer Überwindung durch eine genügend hohe Anodenspannung einstellt und die Gesamtzahl der Elektronen ist, die der Faden überhaupt bei der eingestellten Temperatur herzugeben vermag, den Sättigungsstrom.

Für den Betrieb einer jeden Elektronenröhre brauchen wir also eine Heizbatterie, die den Heizstrom für die Kathode liefert, und eine Anodenbatterie, die die Anodenspannung aufrechterhält. Ich muß hier noch einmal auf den scheinbaren Widerspruch zwischen Elektronenflugrichtung und Stromrichtungsbezeichnung hinweisen (Abb. 120). Die Elektronen treten nur aus der Glühkathode aus, nicht aus der Anode, denn diese ist ja kalt. Es ist in der Röhre also nur ein Strom von der Anode zur Kathode möglich (in Wirklichkeit Strom entgegengesetzt der

Bezeichnung). Eine Vorrichtung, die den Strom nur in der einen Richtung hindurchläßt, nennen wir aber Gleichrichter. Unsere Röhre ist somit sogar ein vollkommener Gleichrichter, denn sie läßt bei kalter Anode einzig und allein die Ströme in der einen Richtung hindurch.

Eine solche Zweielektrodenröhre können wir auf Grund unserer Betrachtungen im Kapitel 10 als idealen Detektor verwenden, denn der Detektor hat ja diese Aufgabe der Gleichrichtung. Diese Anwendung hat die Zweielektrodenröhre auch gefunden als sogenannter Glühlampendetektor nach Fleming und Wehnelt. Er hat den Vorteil der absoluten Kon-

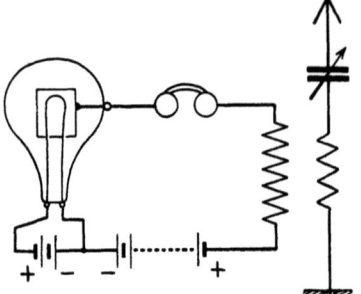

Abb. 121. Flemingdetektor.

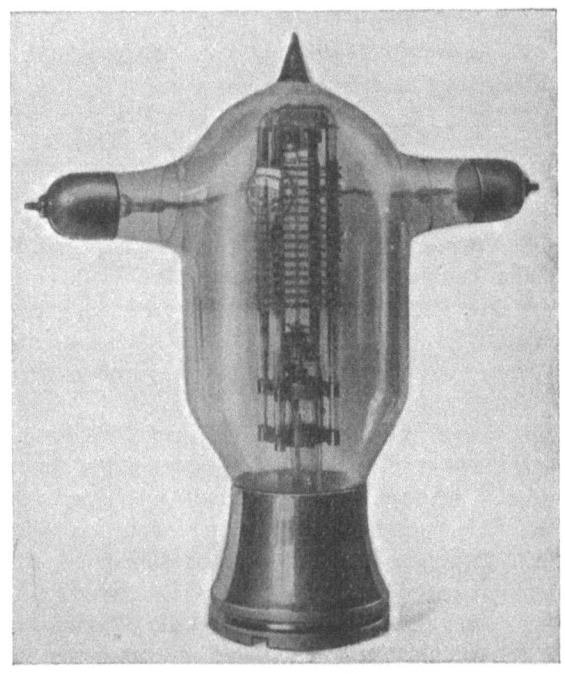

Abb. 122. Glühkathodengleichrichter.

stanz gegenüber dem stets sich verändernden Kristalldetektor, ist aber nicht empfindlicher als dieser. Seine Nachteile dem einfachen Kristalldetektor gegenüber sind die Notwendigkeit zweier Batterien und seine höheren Herstellungskosten. Er ist daher jetzt nicht mehr im Betrieb.

Die zweite, sehr wichtige Verwendungsmöglichkeit des Glühkathodengleichrichters ist die der Gleichrichtung hochgespannter Ströme. In den Röhrensendestationen braucht man für die Anoden der Senderöhren hochgespannten Gleichstrom. Gleichstromhochspannungsmaschinen sind sehr teuer und im Betrieb empfindlich, einfacher ist es, hochgespannten Wechselstrom herzustellen. Schickt man diesen hochgespannten Wechselstrom durch Gleichrichterröhren, so gewinnt man sofort gleichgerichteten Strom, den man durch geeignete Schaltungen von seinen Höckern befreien kann. Da man hier große Leistungen verlangt, wählt man hohe Anodenspannungen für die Gleichrichter und relativ starke Emissionsströme (also große Fadenoberflächen und günstige Materialien). Einen derartigen modernen Glühkathodengleichrichter zeigt Abb. 122. Die Anode ist hier zur besseren Abkühlung in Ringe zerlegt, da sie sich im Betrieb stark zu erhitzen pflegt.

12. Die Röhre als Verstärker.

Ihre universelle Bedeutung erlangt die Glühkathodenröhre erst durch den Einbau eines weiteren Gliedes. Da der Elektronenstrom in der Röhre doch nichts anderes ist als ein gewöhnlicher elektrischer Strom ohne festen Leiter, liegt es nahe, auf diesen Strom die Gesetze der Magnetinduktion oder der elektrischen Felder anzuwenden. Denn da die Elektronen wegen ihrer äußerst geringen Masse fast trägheitslos sind, müssen sie doch diesen Gesetzen der Anziehung und Abstoßung direkt ideal folgen. Man könnte sie fast verlustlos steuern, ihren Stromfluß unterbrechen usf.

Diesem Gedanken folgend, wurden auch bald die Röhren so umgebaut, daß man in den Stromfluß zwischen Anode und Kathode oder in dessen Nähe ein Glied setzte, das zwar mechanisch den Fluß nicht hemmen sollte, aber durch Feldkräfte einen Einfluß ausüben mußte. Es mußte also ein Gitter oder Netz sein, das zwischen Anode und Kathode gesetzt wurde. Die typische

Anordnung dieser Dreielektrodenröhren zeigt Abb. 123. Bei dieser Ausführungsform hat das Gitter eine schraubenförmige Gestalt erhalten. Alle Elektroden sind nach außen zu Steckern geführt, so daß wir vier Stecker finden, einen für die Anode, den zweiten für das Gitter und zwei für den Heizfaden. Wird der Faden geheizt und zwischen Anode und das negative Fadenende die Anodenbatterie gelegt, so fließt ungehindert durch das nicht angeschlossene Gitter der Emissions- oder Anodenstrom wie früher. Lege ich jetzt aber an das Gitter eine gegenüber dem negativen Heizfadenende **negative** Spannung, so wirkt das Gitter wie eine Erhöhung der Raumladung, denn die von der Kathode nach der Anode strebenden Elektronen geraten in der Nähe des Gitters wieder in negative Feldstärken, werden also zurückgestoßen. Auf den Anodenstrom wirkt diese negative Ladung des Gitters wie eine Abdrosselung. **Mache ich die negative Gitterspannung genügend stark, so kann der Anodenstrom ganz auf Null herabgedrückt werden.** Diese Regelung des Anodenstroms kostet mich aber nicht wie bei einem Schiebwiderstand, Schalter oder magnetischen Relais irgendeinen Leistungsaufwand, sondern die Aufladung des Gitters ist, da kein Strom fortfließt, **vollkommen verlustfrei**.

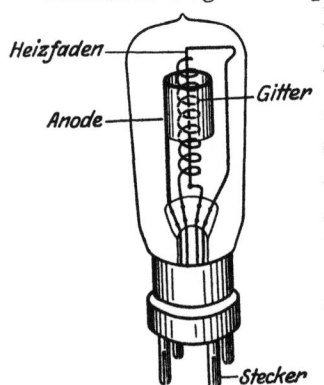

Abb. 123. Normale Dreielektrodenröhre.

Lade ich nun aber im Gegensatz dazu das Gitter positiv auf, so unterstützt es jetzt gewissermaßen die positive Anode in ihrer raumladungszerstörenden Wirkung; das Gitter tut dies sogar noch viel erfolgreicher als die Anode, denn es liegt ja meistens in allernächster Nähe des Glühfadens. Natürlich kann auch ein ganz positives Gitter aus dem Heizfaden nicht mehr als den Sättigungsstrom herausholen. Trägt man dieses Verhalten eines Gitters einer Dreielektrodenröhre in eine graphische Darstellung ein, so erhalten wir das Bild der Kurve 124. Es ist hier diese Messung an einer Valvo-Lautsprecherröhre der Radioröhrenfabrik Hamburg gemacht worden. Auf der Horizontalen sind die Spannungen am Gitter aufgetragen

Die Röhre als Verstärker.

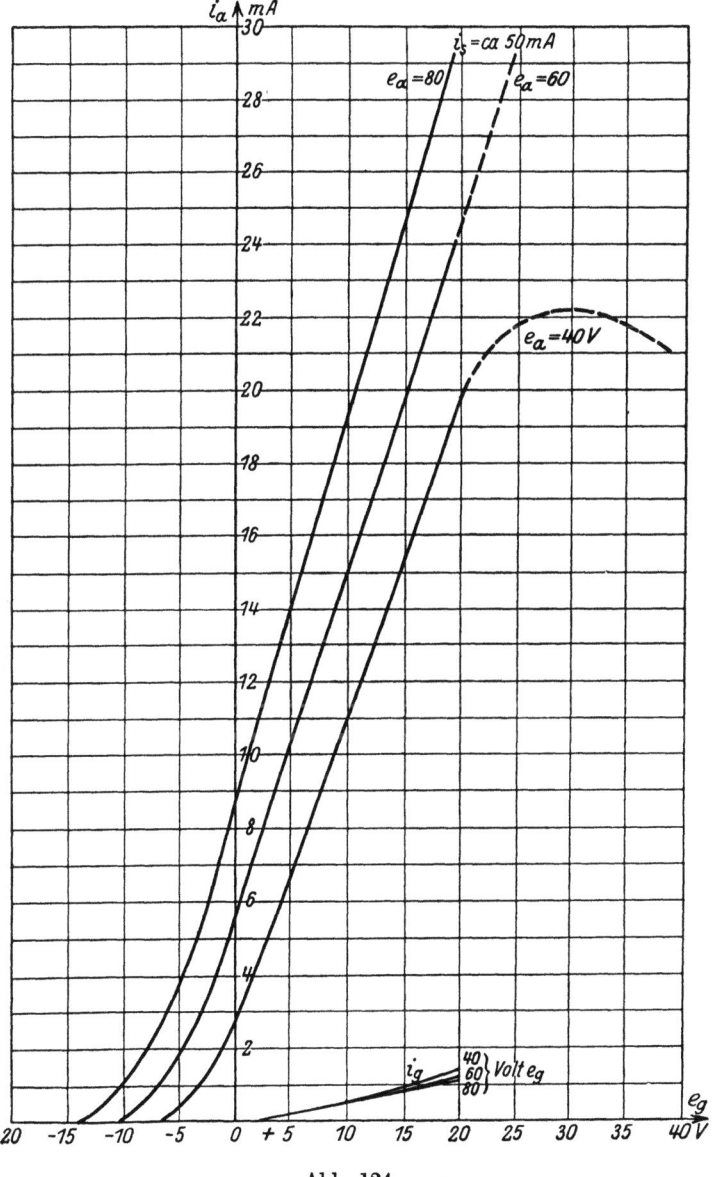

Abb. 124.
Kennlinie einer Dreielektrodenröhre (Valvo 201 A).

108   Die Elemente der drahtlosen Fernmeldetechnik.

und in der Senkrechten die Anodenströme. Bei einer konstanten
Anodenspannung von 40 Volt (rechte Kurve) sehen wir, wie eine

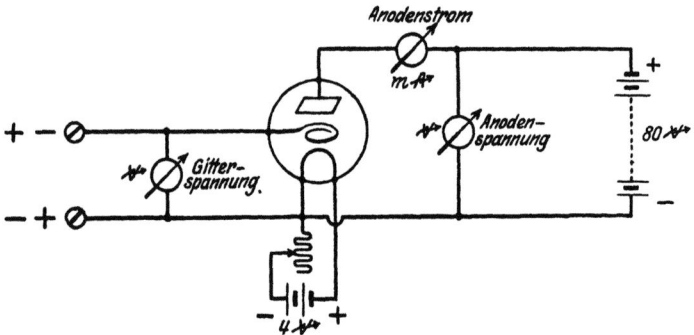

Abb. 125. Schaltung für die Aufnahme einer Kennlinie.

negative Gitterspannung von — 7 Volt den Anodenstrom ganz
unterdrückt. Machen wir dann das Gitter weniger negativ, so

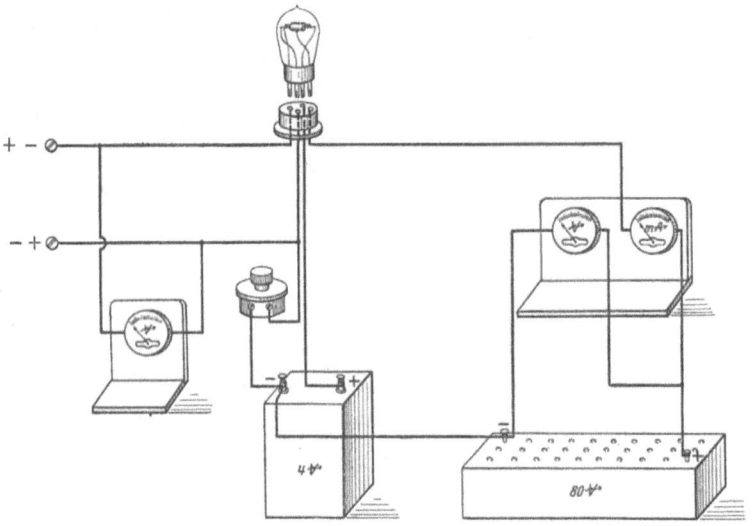

Abb. 126. Bildliche Darstellung der Meßanordnung.

sehen wir wie der Anodenstrom langsam ansteigt; wenn das Gitter
vollkommen spannungslos ist, hat er den Wert von 3 Milliampere
erreicht; er steigt dann höher und erreicht seinen Höchstwert

Die Röhre als Verstärker. 109

von 22 m A bei + 30 Volt Gitterspannung. Wählen wir eine andere konstante Anodenspannung, 60 V oder 80 V, so sehen wir wie diese Kennlinie des Anodenstrom sich verschiebt, wie sie dann sogar noch hoch ansteigt. Wir sehen hieraus, daß die Anodenspannung noch nicht genügt, um die bei den Sparlampen meistens sehr starke Raumladungswirkung zu überwinden.

Die Kurventafel zeigt uns außerdem noch eine Erscheinung, an der wir nicht achtlos vorübergehen dürfen. Es ist nämlich ein sogenannter Gitterstrom eingetragen (i_g). Bei positivem Gitter zeigt es sich, daß das Gitter wie eine Anode wirkt, denn ein Teil des Anodenstroms splittert sich ab und fließt auf das Gitter, das ja nun als positiv geladener Körper die Elektronen anzieht. Dieser Gitterstrom ist ein Verlust und macht sich auch sonst noch störend bemerkbar; wir müssen ihn also möglichst vermeiden, indem wir das Gitter dauernd negativ halten. (Bei der vorliegenden Röhre höchstens bis + 3 Volt!) Wollen wir dann aber noch einen brauchbaren Anodenstrom erhalten, der bei negativen Gitterspannungen so ziemlich abgedrosselt wird, so müssen wir hohe Anodenspannungen anwenden; bei der untersuchten Röhre über 80 Volt.

Abb. 127. Die Röhre Valvo 201 A.

Die Abb. 127 zeigt das äußere Aussehen dieser Röhre. Wir bemerken, daß das linke Exemplar verspiegelt ist; dieser Magnesiumspiegel hat die Aufgabe, das Vakuum in der Röhre möglichst hoch zu halten (metallisches Magnesium reißt Sauerstoff und Wasserstoffreste, die eventuell in der Röhre nach dem Auspumpen noch vorhanden sein sollten, sehr energisch an sich). Diese Vorsichtsmaßregel ist notwendig, da die modernen Sparlampen wegen ihres Fadenmaterials ein sehr gutes Vakuum verlangen.

Um verschiedene Röhrentypen auch rechnerisch miteinander vergleichen zu können, müssen wir uns einige kennzeichnende

Daten von ihnen merken. So unterscheiden sich sehr stark voneinander Röhren mit sehr engem Gitter und großem Anodenabstand von denen mit weitem Gitter und naher Anode. Bei den ersten ist der Einfluß der Anode, deren Spannung durch das Gitter hindurchgreift, auf die Emission im Verhältnis zum Gittereinfluß ein sehr geringer, während beim zweiten Fall der Anodeneinfluß größer ist. Man nennt dieses Verhältnis den Durchgriff und mißt ihn in Prozenten des Anodeneinflusses vom Gittereinfluß.

Durchgriff = D.

Der Durchgriff wird in Prozenten angegeben und beträgt bei normalen Empfangsröhren ungefähr 5 bis 30%.

Der Elektronenstrom, der zwischen Kathode und Anode innerhalb der Röhre fließt, tritt außerhalb der Röhre als Anodenstrom in Erscheinung, der über die Anodenbatterie zum Heizfaden zurückfließt. Schließt man die Röhre in einen Kasten ein, so daß nur die Anodenklemme und eine Anschlußklemme zur Kathode heraussehen, so konstatieren wir, daß bei Anlegung einer bestimmten Anodenspannung ein gewisser Anodenstrom fließt; wir könnten hieraus einen Röhrenwiderstand definieren. Den Widerstand, den eine Röhre bei glühendem Faden zwischen Kathode und Anode besitzt, nennen wir inneren Widerstand:

Innerer Widerstand = R_i.

Der innere Widerstand wird in Ohm angegeben und beträgt bei normalen Empfangsröhren 5000 bis 200000 Ω. Der innere Widerstand ist nun kein so fest gegebener Wert, wie der Widerstand eines Kupferdrahtes, sondern er schwankt zwischen weiten Grenzen. Glüht der Faden nicht, d. h. er sendet keine Elektronen aus, dann ist der Röhrenwiderstand unendlich groß, denn es kann gar kein Strom durch die Röhre fließen. Beginne ich zu heizen, so fließen mehr und mehr Elektronen (Abb. 117), der Widerstand sinkt, ist also erheblich von der Heizung abhängig. Selbst bei unveränderter Heizung ist der Widerstand nicht konstant, denn nun hängt er wieder von der Gitterspannung ab, bei stark negativer Spannung des Gitters wird der Anodenstrom wieder Null, also der Widerstand unendlich groß. Gibt man also einen inneren Röhrenwiderstand an, so muß man ganz genau die Meßbedingungen festlegen.

Die Röhre als Verstärker. 111

Mit der gleichen Berechtigung könnte man auch den Röhrenwiderstand zwischen Gitter und Kathode messen; was hierbei herauskommt, kann man schon von vornherein sagen. Dieser Widerstand muß bei der meist eingestellten, negativen Gittervorspannung unendlich groß sein, denn bei negativem Gitter fließen keine Elektronen auf das Gitter, in dem Gitterkreis fließt kein Strom. Da die Isolation der Gitterzuführung im Röhrensockel auch bei bestem Material nie einen unendlich hohen Isolationswiderstand haben kann, wäre es zwecklos, den Röhrengitterwiderstand als unendlich anzugeben, sondern man rechnet:

Röhrengitterwiderstand $= R_g =$ ungefähr 10^7 Ohm.

Es klingt etwas paradox, daß eine Strecke in der Röhre (Kathode-Gitter), die kürzer ist als die Strecke für den inneren Widerstand (Kathode-Anode), einen höheren Widerstand als die längere Strecke repräsentiert. Man muß das sich so verständlich machen, daß man sich das Gitter irgendwie isoliert (mit Glas überzogen) vorstellt.

Die Bedeutung des Gitters wird erst verständlich, wenn man die Röhre als Verstärkerröhre benutzen will. Bevor wir in diese so ungemein wichtige Theorie eintreten, müssen wir einen Satz erwähnen, der in der Elementarelektrotechnik abgeleitet wird und somit als bekannt vorausgesetzt werden darf (Abb. 128).

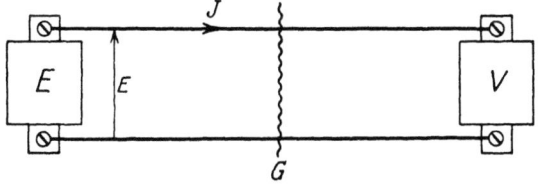

Abb. 128. Energieübertragung.

In der Abbildung sei E ein elektrischer Energieerzeuger, der durch die Leitung eine elektrische Leistung auf den Verbraucher V übertragen soll. Durch die Grenze G fließt also eine gewisse Leistung $E \times J$. Der Satz sagt nun aus, daß die Übertragung dann am günstigsten wird, wenn der Erzeuger und der Verbraucher gleichen inneren Widerstand haben. Es muß sein:

$$R_e = R_v.$$

112 Die Elemente der drahtlosen Fernmeldetechnik.

Z. B. arbeitet eine Dynamomaschine auf ein Lichtnetz dann am günstigsten, wenn ihr Ankerwiderstand gleich dem Netzwiderstand ist. Von diesem Grundsatz werden wir in den folgenden Zeilen Gebrauch machen müssen.

Die Abb. 129 zeigt das Prinzip jeder Verstärkerschaltung. Die zu verstärkende Energie tritt von links herein und rechts in der

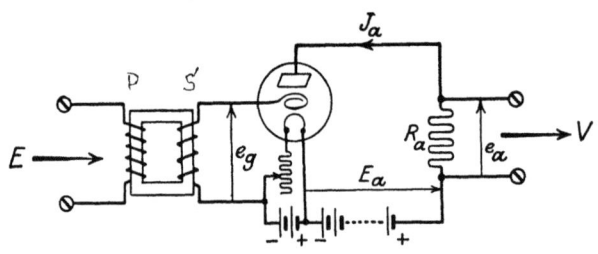

Abb. 129. Das Prinzip der Verstärkerschaltung.

Pfeilrichtung wieder aus. Da wir im allgemeinen nicht wissen, welche Widerstandsverhältnisse auf der Erzeugerseite vorliegen, schalten in Erfüllung unseres Leistungssatzes vor die Röhre einen Transformator, der auf der Gitterseite (also Sekundärseite) einen Widerstand von mindestens 10^7 Ohm ($= R_g$) und auf der Eintrittsseite (Primärseite) einen dem Erregerwiderstand gleichen Widerstand haben soll. Fließen nun von E her Wechselströme durch die Primärwicklung des Transformators, so werden nach dem Induktionsgesetz in der Sekundärwicklung Wechselspannungen induziert, deren Spannung wir durch ein günstiges Windungsverhältnis des Eingangstransformators noch aufwärts transformieren können.

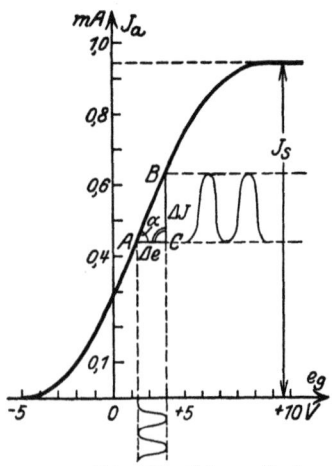

Abb. 130. Schematische Kennlinie.

Es liegen jetzt also am Gitter Wechselspannungen, die natürlich nach dem oben genannten Prinzip den Anodenstrom beeinflussen. In die Abbildung ist diese Gitterwechselspannung als e_g eingetragen worden (Abb. 130). Untersuchen wir an Hand der Kennlinie den Verlauf des Anodenstroms, so zeigt es sich, daß bei unserer Zeichnung eine genau

Die Röhre als Verstarker.

ähnliche Schwankung im Anodenstrom eintritt; der Wechselstrom im Gitterkreis erzeugt also im Anodenkreis einen Wellenstrom. Dieser Wellenstrom durchfließt den Anodenkreiswiderstand R_a. Es erzeugt an ihm den Spannungsabfall

$$J_a \cdot R_a = e_a.$$

In Berücksichtigung unseres Leistungssatzes muß auch $R_a = R_i$ dem inneren Röhrenwiderstand sein, denn auch hier handelt es sich um eine Leistungsübertragung (Röhrenleistung auf den Widerstand). Bei geschickter Wahl der Röhrendaten zeigt es sich nun, daß man e_a, die Wechselspannung am Anodenkreiswiderstand um ein Vielfaches größer als e_g, die Gittersteuerspannung, machen kann. Bei guten Röhren können wir dies Verhältnis auf das Zehnfache bringen:

$$\frac{e_a}{e_g} = \alpha = 10 \div 15.$$

Mit der Dreielektrodenröhre ist somit eine Spannungsverstärkung möglich, die vollkommen verlustfrei, denn es fließt auf der Gitterseite kein Strom, und verzögerungslos ist, denn bei der Kleinheit der Elektronen macht sich ihre Trägheit überhaupt nicht bemerkbar. Die Gitterleistung für die Steuerung ist Null, denn $e_g \cdot 0 = 0$, während wir auf der Anodenseite Leistung $e_a \cdot J_a$ entnehmen können.

Dem aufmerksamen Leser wird es schon aufgefallen sein, daß man nicht an allen Stellen der Kennlinie diese Verstärkung erzielt, z. B. würde jenseits des oberen Knicks (J_s) eine Schwankung der Gitterspannung um den Wert 10 Volt gar keine Schwankung des Anodenstroms verursachen, ebenso jenseits des unteren Knicks. Wollen wir verstärken, so müssen wir in dem geradlinigen Teil der Kennlinie arbeiten, da wir sonst Verzerrungen oder unter Umständen keine Verstärkung erzielen. In unserer Zeichnung müssen wir die Gittervorspannung so einregulieren, daß sie zwischen — 1 und + 4 Volt liegt, am besten genau in der Mitte des geradlinigen Teils. Bei den meisten Röhren liegt dieser Punkt in Gegensatz zur Zeichnung im Bereich negativer Gitterspannungen.

Es ist leicht einzusehen, daß man eine um so größere Verstärkung erzielt, je steiler die Kennlinie ansteigt, und man beurteilt eine Röhre nach ihrer Steilheit. In der Abbildung steigt der Anodenstrom bei einer Änderung der Gitterspannung von 0 bis $+1$ Volt von 0,3 bis 0,4 m A, die Kennlinie hat also eine größte Steilheit von $\frac{0,1 \text{ m } A}{1 \text{ V}}$. Wir messen somit:

$$\text{Steilheit} = S \text{ in m}\frac{A}{V}.$$

Die Steilheit normaler Empfangsröhren beträgt 0,1 bis 1,0 $\frac{\text{m } A}{V}$.

Die praktische Ausführungsform eines Niederfrequenzverstärkers entspricht vollkommen der Abb. 129, nur daß an die Stelle

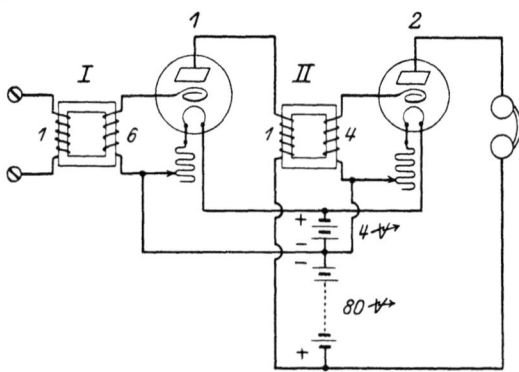

Abb. 131. Schaltung eines Niederfrequenzverstärkers.

von R_a der Kopfhörer tritt. In vielen Fällen reicht aber die Verstärkung durch eine Röhre nicht aus, man greift zur Kaskadenverstärkung. Ihr Prinzip ist einfach die Verwendung der schon vergrößerten Spannung e_a als Steuerspannung für das Gitter einer nächsten Röhre und so fort. Das Schaltprinzip eines solchen Zweifachniederfrequenzverstärkers zeigen Abb. 131 und 132. Der Primärwiderstand des Transformators II muß dem inneren Widerstand der ersten Röhre entsprechen, der Sekundärwiderstand dem Gitterwiderstand der Röhre 2.

Eine interessante Tatsache, die sich aus der Röhrentheorie ergibt, ist in diesem Rahmen noch erwähnenswert. Bei allen Röhren gilt nämlich folgende **innere Röhrengleichung**:

$$\boxed{D \cdot S \cdot R_i = 1} \tag{29}$$

Beispiel.

Durchgriff $= 10\% = \dfrac{1}{10}$

Steilheit $= 0{,}5 \, \dfrac{mA}{V}$

Innerer Widerstand $= 20000$ Ohm

$$\dfrac{1 \cdot 0{,}5 \, A \cdot 20000 \, \Omega}{10 \cdot 1000 \, V} = 1.$$

In der Betrachtung über den Kaskadenverstärker habe ich ohne nähere Erläuterung einen Niederfrequenzverstärker an-

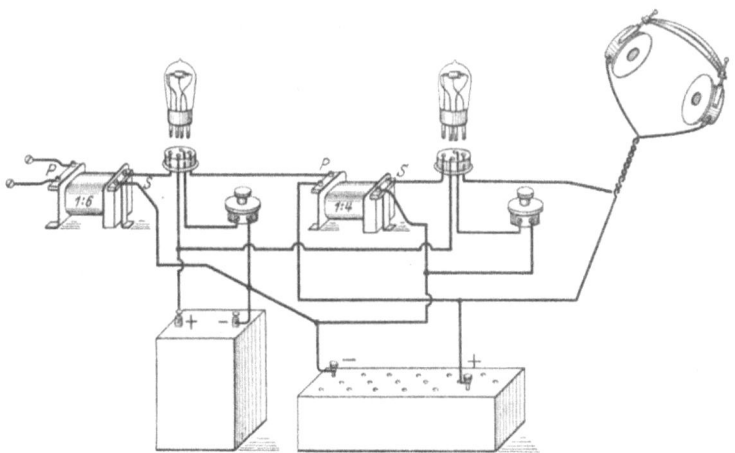

Abb. 132. Bildliche Darstellung eines Zweifachniederfrequenzverstärkers.

gegeben. Welcher Unterschied besteht zwischen einem Hochfrequenzverstärker und einem Niederfrequenzverstärker? Für die Empfangsschaltung ist der Unterschied sehr leicht zu finden. Man wird den Hochfrequenzverstärker dorthin schalten, wo im Empfangsapparat noch Hochfrequenz schwingt, also vor den Gleichrichter; der Niederfrequenzverstärker ist hinter dem Gleichrichter am Platze, denn nur dort fließt niederfrequenter Wechselstrom (der Hörstrom) (Abb. 133). Der Hochfrequenzverstärker erhöht die Empfindlichkeit des Empfängers, denn der Detektor spricht erst von einer bestimmten Hochfrequenzstromstärke an an; der Niederfrequenzverstärker erhöht die Endstromstärken, vermehrt somit die Lautstärke.

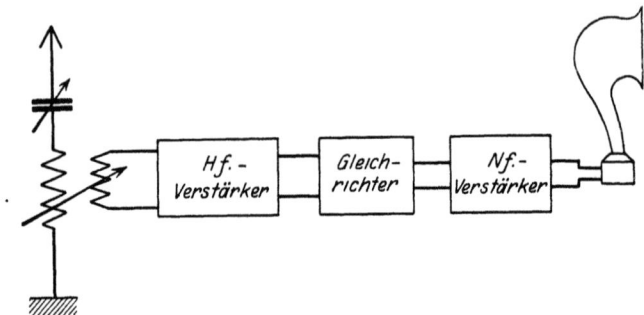

Abb. 133. Die Schaltung von Hoch- und Niederfrequenzverstärker.

In ihrem Aufbau unterscheiden sich die beiden Verstärkerarten durch die Übertrager zwischen den Röhren. Bei Niederfrequenzverstärkern benutzt man Eisentransformatoren mit folgenden Dimensionen:

Übersetzungsverhältnis . . . . . . 1 : 2,5 bis 1 : 6
Windungszahlen . . . . 1000 bis 80000
Gleichstromwiderstand:
 primär . . . . 150 bis 1000 Ohm
 sekundär . . . . 1000 ,, 10000 ,,
Scheinwiderstand bei Sprechfrequenzen
 primär . . . . 1000 ,, 50000 ,,
 sekundär . . . . 20000 ,, 100000 ,,

Die Niederfrequenzverstärkertransformatoren sind durchaus nicht ideal; sie verzerren mehr oder weniger bei der Übertragung und haben außerdem immer einen zu kleinen Sekundärwiderstand für das Gitter.

Eine verzerrungsfreie Übertragung erhalten wir durch eine Schaltung nach Abb. 134. Hierbei benutzen wir als Steuerspannung für die zweite Röhre den Spannungsabfall des Anodenwechselstroms der ersten Röhre an dem Widerstand R_a. Diese Spannung wird über die Anodenbatterie und die Heizbatterie, die für den Wechselstrom einen Kurzschluß bieten, an die Kathode der zweiten Röhre und über einen Gitterkondensator, der das zweite

Gitter vor der hohen Anodenspannung schützt, an deren Gitter geführt. Diese Kaskadenanordnung arbeitet bei Niederfrequenz und auch bei höheren Frequenzen bis auf Wellenlängen von 2000 m sehr gut.

Für Hochfrequenzverstärker, die Wechselströme mit Frequenzen von 50000 bis 3000000 Schwingungen in der Sekunde verstärken sollen, sind die Niederfrequenztransformatoren wegen der Verluste in ihren Eisenkernen bei diesen hohen Frequenzen und wegen ihrer kapazitiven Nebenschlüsse unbrauchbar. Unter den letzteren versteht man folgendes; viellagige Spulen, wie diese Transformatorspulen es sind, besitzen eine gewisse Eigenkapazität zwischen ihren Lagen. Diese wirkt so, als ob ein kleiner Kondensator von 10 bis 100 cm parallel zu der Spule liegt. Bei niedrigen Frequenzen schadet dies nichts, denn für diese Schwingungen ist dieser Kondensator ein großer Widerstand, sie gehen also brav durch die Windungen der Spule. Bei Hochfrequenz von z. B. 1000000 Perioden, entsprechend einer Wellenlänge von 300 m, hat aber ein Kondensator von 100 cm nur noch einen Scheinwiderstand von ungefähr 1700 Ohm. Die Sekundärspule ist also direkt kurzgeschlossen, der Transformator unbrauchbar, denn die Hochfrequenzströme gehen den bequemen Weg über die Querkapazität.

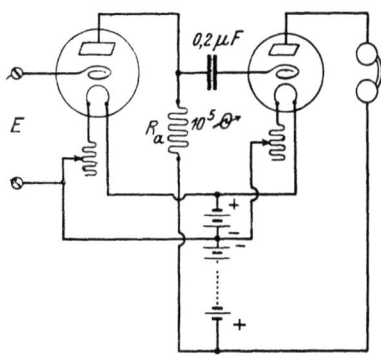

Abb. 134. Niederfrequenzverstärker mit Widerstandskopplung.

Es wäre unmöglich, einen Hochfrequenzverstärker zu bauen, wenn man nicht in der Resonanz eine ausgezeichnete Helferin fände. Verfolgt man die elektrische Schwingungslehre weiterhin mathematisch, als wir es taten, so zeigt sich folgender Unterschied in Resonanzschaltungen:

1. Spannungsresonanz (Abb. 135):

Die Wechselspannung wird in Reihe mit Kapazität und Selbstinduktion geschaltet. An dem Kondensator und der Spule treten sehr hohe Einzelspannungen auf, die weit über der aufgedrückten

Spannung liegen. Der Widerstand der Gesamtschaltung (A bis B) wird sehr gering. Der Strom i wird sehr groß.
(Dieser Fall liegt vor bei Antennenschaltung kurz.)
2. Stromresonanz (Abb. 136):
Die Wechselstromquelle, Kondensator und Spule sind parallel geschaltet. Innerhalb des Kreises fließen sehr starke Ströme.

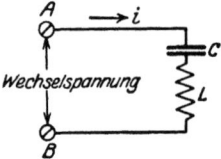
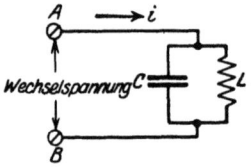

Abb. 135. Spannungsresonanz.   Abb. 136. Stromresonanz.

Der Widerstand der Gesamtschaltung (A bis B) wird sehr groß. Der Strom i wird sehr klein.

Für beide Teile gilt als Resonanzfrequenz:

$$f = \frac{1}{2\pi\sqrt{L \cdot C}}.$$

Schaltet man nun in einen Kaskadenverstärker an Stelle des Widerstandes R_a in Abb. 134 einen Schwingungskreis, der auf Stromresonanz abgestimmt ist, so muß man doch eine sehr gute Übertragung erhalten, denn nun wird R_a beliebig groß. Die Schaltung eines solchen Hochfrequenzzweifachverstärkers zeigt die Abb. 137. Selbstverständlich muß jetzt der Sperrkreis

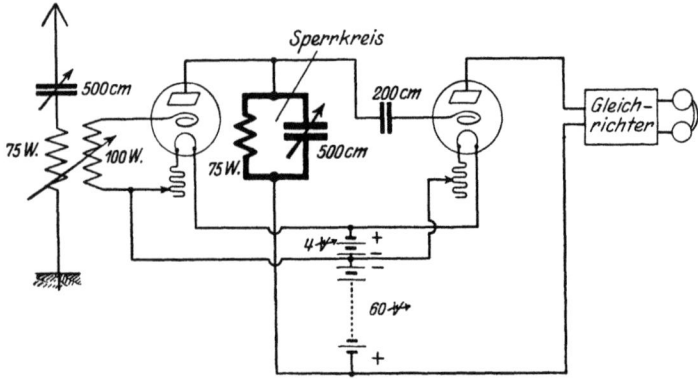

Abb. 137. Sperrkreisverstärker.

stets auf die zu verstärkende Frequenz abgestimmt werden, denn für andere Frequenzen ist er ein Kurzschluß. Die Sperrkreisempfänger sind immer sehr empfindlich und sehr selektiv. Ihr Nachteil ist, daß die Sperrkreise zwischen den Röhren immer wieder neu abgestimmt werden müssen. Mit dem gleichen Mittel der Stromresonanz arbeiten die Hochfrequenztransformatoren, bei denen die beiden Transformatorseiten durch besondere Parallelkondensatoren oder durch die oben schon erwähnte Eigenkapazität auf die Empfangswelle abgestimmt werden. Sie ergeben eine relativ gute Übertragung, müssen aber für verschiedene Wellenbereiche ausgewechselt werden, da sie wegen der festen Kapazität immer nur für eine Frequenz stimmen.

Da die Resonanzkurve eines schwingenden Systems bei größerer Dämpfung breiter wird, die Abstimmschärfe sich somit verringert, kann man einen solchen Hochfrequenztransformator dadurch für einen umfassenderen Wellenbereich brauchbar machen, daß man sie künstlich dämpft. Aus diesem Grunde werden sie häufig mit Widerstandsdraht (großer Widerstand) bewickelt; es ist aber selbstverständlich, daß hierdurch ihre Wirksamkeit verringert wird, denn die breitere Resonanzkurve ist viel niedriger als die schmale.

13. Die Dreielektrodenröhre als Detektor und Audion.

Da sich die gewöhnliche Gleichrichterröhre als Detektor zur Gleichrichtung von Hochfrequenzströmen geeignet erwiesen hat, liegt es nahe, auch die Röhre mit einem Gitter dazu zu verwenden. Das Wesen einer Gleichrichtung besteht darin, daß wir von einem Wechselstrom nur Stromstöße entsprechend der einen Stromrichtung hindurchlassen; wir müssen also ähnlich wie bei der Detektorcharakteristik an einem Knick der Kennlinie einer Dreielektrodenröhre arbeiten. Die Abb. 138 zeigt eine Röhrendetektorschaltung, in der eine Gitterröhre als Detektor arbeiten soll. Das Potentiometer P gestattet es, an das Gitter der Röhre jede positive oder negative Vorspannung zu legen. Der Kondensator C' soll nur den Hochfrequenzströmen im Gitterkreis an Stelle des Widerstandwegs über das Potentiometer einen leichten Rückweg zur Kathode ermöglichen. Die Antenne liefere wie üblich die Empfangswechselströme zur Steuerung des Gitters. Lege ich nun nach Abb. 139 eine geringe, negative Vorspannung an das Gitter (b), so wirkt die Röhre als Verstärker, gibt eine formgetreue Verstärkung und keine Gleichrichtung. Eine Gleichrichtung tritt nur an den Knicks ein, entweder am unteren (a) oder am oberen (c). Stellt man hier die Gittervorspannung richtig ein, so werden in beiden Fällen nur Stromstöße in der einen Richtung im Anodenstrom, dessen Verlauf wir im Telephon nachweisen, durchgelassen. Man kann also bei günstiger Einstellung der Vorspannung auch mit der Gitterröhre gleichrichten. Es wird bei dieser Schaltung meistens der untere Knick der Kennlinie benutzt, weil dann die Anodenbatterie nicht so sehr durch die Anodenströme (im Fall c der Sättigungsstrom) belastet wird und außerdem bei positiver Gitterspannung durch den Gitterstrom Verluste auftreten würden. Am unteren Knick ist auch bei vielen Röhren die Krümmung eine größere, so daß die Anodenstromschwankungen größer werden.

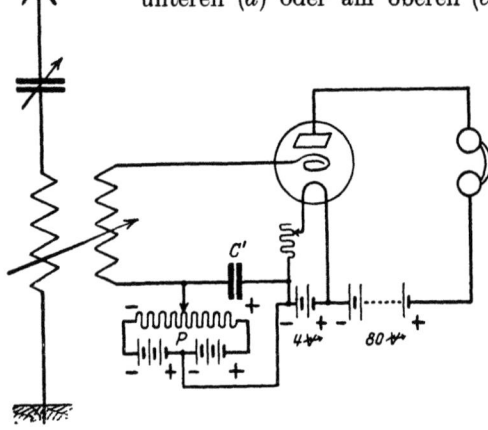

Abb. 138. Der Röhrendetektor.

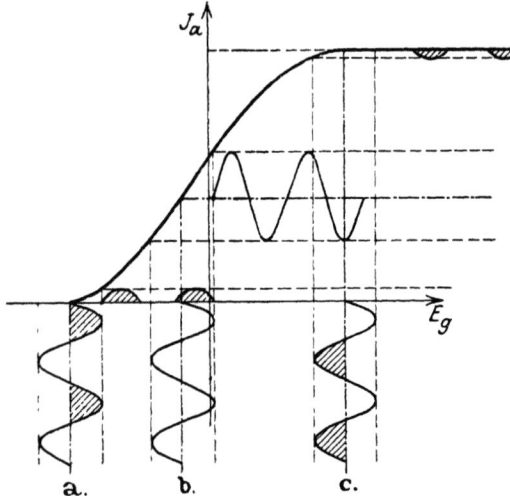

Abb. 139. Diskussion der Charakteristik eines Röhrendetektors.

Die Abb. 139 zeigt aber deutlich, daß die Wirkung eine viel bessere wäre, wenn

Die Dreielektrodenröhre als Detektor und Audion. 121

man in der Mitte der Charakteristik arbeiten könnte, denn dort hat die Kurve ihre größte Steilheit. Aus diesem Grunde wurde die Röhrendetektorschaltung, trotzdem sie schon besser als die Zweielektrodenröhre als Detektor wirkt, mehr und mehr durch eine andere Röhrenschaltung, bei der hauptsächlich in der Mitte der Charakteristik für die Gleichrichtung gearbeitet wird, verdrängt.

Im Gegensatz zur Röhrendetektorschaltung, die den Gitterstrom nicht braucht, ist das Prinzip der Audionschaltung auf das Vorhandensein dieses

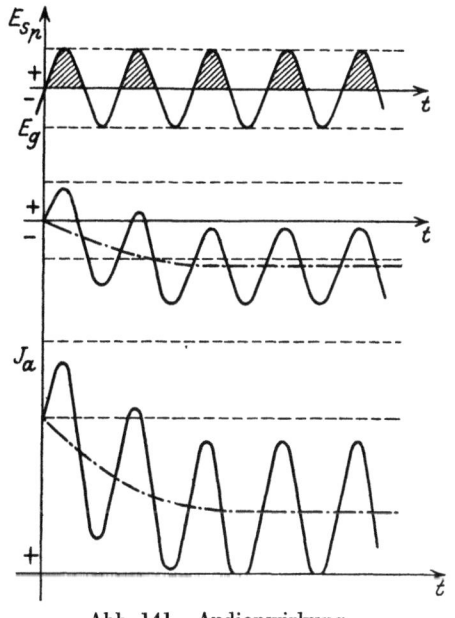
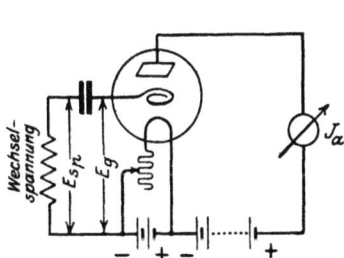

Abb. 140. Schema der Audionschaltung. Abb. 141. Audionwirkung.

Stromes aufgebaut. Bei dem Audion blockieren wir das Gitter durch einen Kondensator und halten es vollkommen isoliert gegen die Umgebung (Abb. 140). Erzeugen wir nunmehr in der Gitterspule eine Wechselspannung E_{sp} (Abb. 141), so wird über den Gitterkondensator diese Spannung unverändert an das Gitter weitergegeben. Wir wissen nun aber, daß bei positiv geladenem Gitter ein Gitterstrom fließt, d. h. daß ein Teil der emittierten Elektronen sich auf das Gitter begibt. Da aber Elektronen negative Ladung bedeuten, kann bei dem ersten Spannungsstoß E_{sp} die Gitterspannung E_g nicht den positiven Höchstwert erlangen, denn die durch den Gitterstrom auf dem Gitter angesammelte negative Ladung kann wegen des Blockierungskondensators nicht abfließen. Bei dem folgenden, negativen

Spannungsstoß fließt kein Gitterstrom, die Gitterspannung E_g folgt also bis auf die vorher entstandene Herabsetzung ins Negative der Spannung E_{sp}. Bei dem nächsten positiven Wechsel erfolgt eine weitere negative Aufladung des Gitters, die sich so oft wiederholt, bis auch bei positivem E_{sp} wegen der nun schon vorhandenen negativen Gitterladung kein Gitterstrom mehr fließen

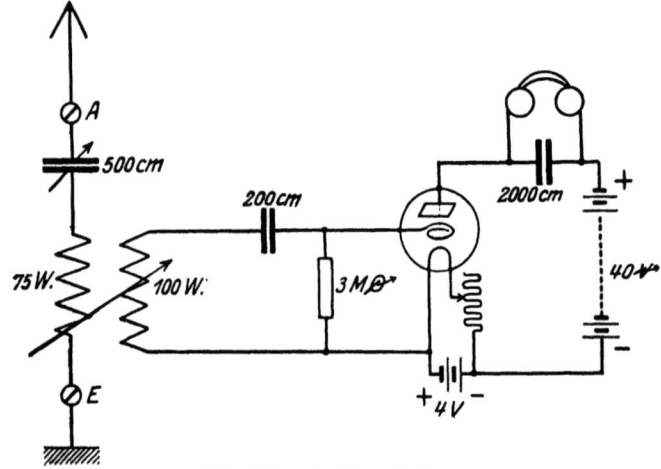

Abb. 142. Audionschaltung.

kann. Der Anodenstrom folgt natürlich nach dem bekannten Gesetz der Gitterspannung.

Hört jetzt die Wechselstromerregung in der Spule auf, so würde die negative Gitterspannung bestehen bleiben, wenn die Gitterzuführung und der Kondensator so gut isoliert sind, daß sie die Ladung nicht ableiten. Um nun die Eigenschaft des blockierten Gitters für Empfangszwecke nutzbar zu machen, muß man diese Dauerladung nach Aufhören der Erregung wieder entfernen. Die negative Gitterladung wird hierbei am besten durch einen Ableitungswiderstand entfernt (Abb. 142 und 143). Dieser Widerstand bewirkt, daß nach dem Verschwinden der Wechselspannung das Gitter wieder seine Ruhespannung annimmt. Erregen wir jetzt das Gitter durch eine Wechselspannung, z. B. durch die hochfrequenten Schwingungszüge eines gedämpften Senders, so tritt die Gitteraufladung ein mit dem Unterschied gegen vorher, daß nach jedem Schwingungszug die negative Ladung durch den

Ableitungswiderstand abfließt. Der Widerstand muß so hoch sein, daß er nur allmählich die Ladung fortfließen läßt, denn sonst würde bei schneller Ableitung die negative Aufladung des Gitters nicht erst zustande kommen (Abb. 144). Wir sehen auf unserem Kurvenbild, daß jedem Hochfrequenzschwingungszug

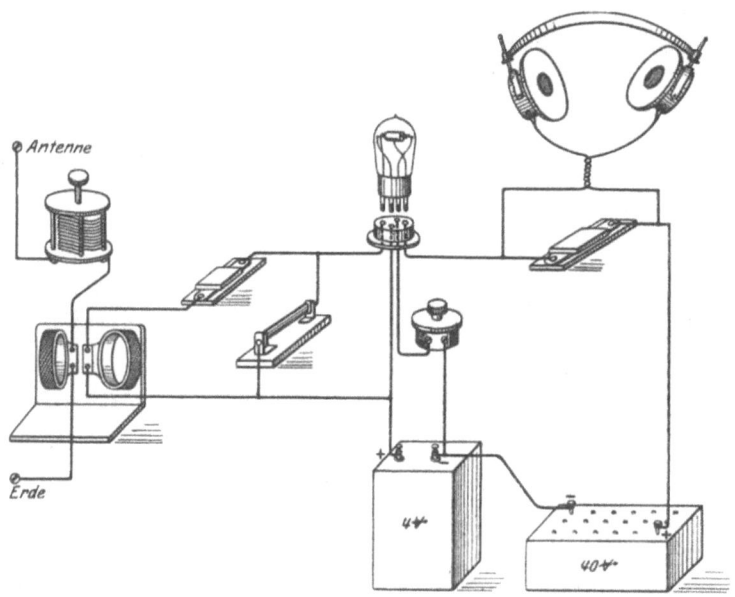

Abb. 143. Schaltbild der Audionschaltung.

eine Absenkung des Anodenstroms entspricht; wir haben also eine Detektorwirkung, die mit der Gleichrichtung auch eine Verstärkerwirkung vereinigt, denn bei dieser Anordnung können wir im Gebiet der größten Steilheit der Röhrenkennlinie arbeiten. Empfangen wir mit dem Audion eine ungedämpfte Schwingung, so wird diese nur wiedergegeben durch eine einmalige Aufladung des Gitters bei jedem Schwingungszug. Im Telephon hört man nur ein Knacken. Bei modulierten Hochfrequenzschwingungen folgt aber die mittlere Gitterspannung dauernd der langsamen Modulationsschwingung, da ja der Ableitungswiderstand fortgesetzt Ladung ableitet (die Gitterspannung somit im Mittelwert immer der Kurvenform der Modulationsschwingung entspricht). Es läßt sich aber nicht leugnen, daß durch die Form des Gitterstroms (seine

Charakteristik ist keine gerade Linie!) eine gewisse Verzerrung der Übertragung erfolgt, so daß das Audion an Tonreinheit dem Kristalldetektor unterlegen ist, wenn es diesen auch an Empfindlichkeit und Lautstärke übertrifft.

Die Audionschaltung ist empfindlicher als die Röhrendetektorschaltung, denn sie arbeitet in der Mitte der Röhrenkennlinie, während der Röhrendetektor an einem Knick seinen Arbeits-

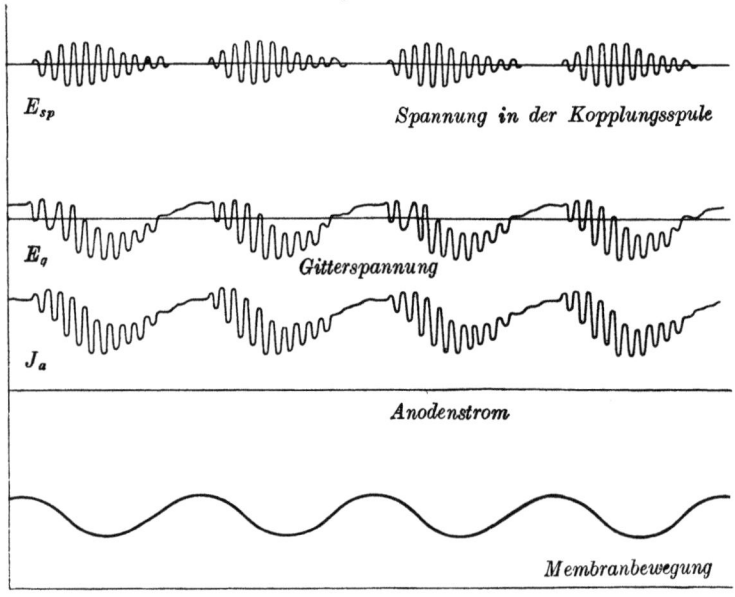

Abb. 144. Audioneffekt bei gedämpften Schwingungen.

punkt besitzt. Für das Audion sind die Dimensionen der Organe, Gitterkondensator und Gitterwiderstand, von Wichtigkeit. Um möglichst starke Gitteraufladungen zu erhalten, wird man den Gitterkondensator so klein wie möglich machen, ungefähr 100 bis 200 cm Kapazität, und den Gitterwiderstand so groß wie möglich, ungefähr 1 bis 5 Millionen Ohm Widerstand. Es ist selbstverständlich sinnlos, ihn größer als den Isolationswiderstand des Röhrensockels zu machen, der bei unvorsichtiger Wahl des Isolationsmaterials auch in dieser Größenordnung liegt, denn dann würde die Gitterladung ganz unkontrollierbar über diese ständig sich verändernden Fehlerwiderstände abfließen.

14. Die Röhre als Sender und Überlagerer.

Die Verwendung der Röhre als Gleichrichter, Audion und Verstärker erschöpfen noch nicht die Anwendungsmöglichkeiten der Elektronenröhre. Der Wirkungskreis dieses universellen Apparates soll noch erweitert werden durch die Schaltmöglichkeiten, die dieses Kapitel bringt und die die Kennworte: Rückkopplung und Dämpfungsreduktion tragen. Der Begriff der Rückkopplung erscheint vielen neu und nur bei der Röhre anwendbar, obgleich die Rückkopplung schon bei vielen, altbekannten technischen Einrichtungen eine große Rolle spielt.

Die Rückkopplung ist, wie so viele Errungenschaften, mehrmals „erfunden" worden; einer ihrer ersten Erfinder war James Watt, als er noch als Lehrling arbeitete. Zu seiner Zeit waren die ersten Dampfmaschinen als Wasserhaltungsmaschinen in die Bergwerke in der Form eingeführt worden, daß man einen Kolben, der mit dem Kolben einer Pumpe verbunden war, durch Dampf in einem Zylinder hin- und herbewegen ließ. Damit diese Hinundherbewegung eine fortgesetzte (perodische) blieb, wurde neben jeden Dampfzylinder ein Lehrbub gestellt, der als interessante Beschäftigung darauf zu achten hatte, wann der Kolben an dem einen Ende des Zylinders ankam, und der dann mit einem Ventil den Dampf schnell umsteuern mußte, so daß der Kolben nach der anderen Seite getrieben wurde.

Watt, der auch eine solche Stellung innehatte, kam nun auf den Gedanken, an der Hebelübertragung der Kolbenstange zwei Bindfäden so anzubringen, daß sie bei einer Verknüpfung mit dem Ventilhebel je nach der entsprechenden Endstellung des Kolbens automatisch den Ventilhebel umlegten. Die Maschine steuerte sich nun selbst, durch die Fadenrückkopplung wurde das periodische Hinundherpendeln des Kolbens aufrechterhalten und Watt konnte mehr oder weniger nützlichen anderen Beschäftigungen nachgehen.

Dieses Beispiel der automatischen Dampfmaschinensteuerung ist kennzeichnend für jede Rückkopplung. Betrachten wir einmal das elektrische Gegenbeispiel (Abb. 145). In dem Anodenkreis einer Dreielektrodenröhre liegt ein Schwingungskreis L_a, C_a, der induktiv über die Gitterkreispule L_g mit dem Gitter gekoppelt ist. Wird jetzt der Schalter S eingelegt so beginnt mit einem Stoß der

Anodenstrom zu fließen; er ladet den Kondensator C_a auf, da in dem ersten Augenblick die Spule für den Strom wegen ihrer Selbstinduktion ein hoher Widerstand bedeutet. In dem nächsten Zeitintervall entladet sich nun C_a über die Spule L_a mit der üblichen Schwingungserscheinung. Es ist bis jetzt noch nicht der Einfluß der Kopplung des Anodenschwingungskreises auf das Gitter berücksichtigt worden. Der Schwingungswechselstrom in L_a wird natürlich durch die induktive Kopplung auf die Gitterspule L_g übertragen. Es gelangen somit Wechselspannungen an das Gitter, die ihrerseits wieder durch den bekannten Gittereinfluß den Anodenstrom steuern, der wiederum durch den Schwingungskreis fließt.

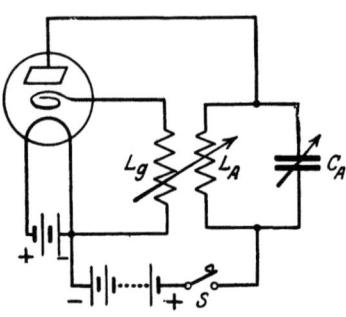

Abb. 145. Das Prinzip des Röhrenschwingungserzeugers.

Durch den Wicklungssinn der Rückkopplungsspulen L_a/L_g können wir es nun einrichten, daß einmal der Anodenstrom, der doch durch die Spannungsverhältnisse in der Gitterspule gesteuert wird, den Schwingungsvorgang in dem Anodenschwingungskreis unterstützt oder ihm entgegenarbeitet. Ebenso wie Watt bei seiner Dampfmaschinensteuerung darauf achten mußte, daß er seinen Ventilhebel so umsteuerte, daß der Dampf den Kolben wieder zurückschob und ihn nicht festhielt, so müssen wir bei unserer Spulenrückkopplung darauf sehen, daß die Gittersteuerung den Anodenstrom in dem Sinne einer Schwingungserhaltung und nicht einer Schwingungserstickung umsteuert. Was geschieht dann? Die Schwingung im Anodenkreis kann nie zum Abklingen kommen, denn die vom Gitter im richtigen Sinne gesteuerten Anodenstromschwankungen stoßen den Kreis immer wieder zum Schwingen an, so daß bei dieser Rückkopplungsschaltung der Schwingungskreis zu ungedämpften Schwingungen erregt wird. Die Schwingungen können, ebenso wie bei der Wattschen Maschine die Kolbenbewegungen, nicht zur Ruhe kommen. Es ist klar, daß dieser Röhrensender mit der Eigenfrequenz des angestoßenen Schwingungskreises schwingt. Um noch einmal auf unser Dampfmaschinenbeispiel zurückzukommen; wir können die

Die Röhre als Sender und Überlagerer.

induktive Rückkopplung vom Anodenkreis auf den Gitterkreis mit dem Wattschen Bindfaden vergleichen, der stets im richtigen Augenblick den Anodenstrom (Dampf) durch das Gitter (Ventil) nach der richtigen Seite automatisch umsteuert.

Wir können den Vorgang auch von der Energieseite betrachten. Zu diesem Zweck schalten wir den Röhrensender etwas anders (Abb. 146). Der Schwingungskreis liegt nun im Gitterkreis und die Rückkopplungsspule im Anodenkreis. Wird nun durch irgendeinen kleinen Anlaß eine Schwingung im Gitterkreis erregt, so erscheint diese verstärkt im Anodenkreis. Durch die Anodenspule wird sie jetzt als verstärkte Schwingung wieder auf den Gitterkreis zurückgeführt; geschieht diese Energierückführung in dem richtigen Sinne, so unterstützt sie die anfänglich schwache Schwingung im Gitterkreis. Sie

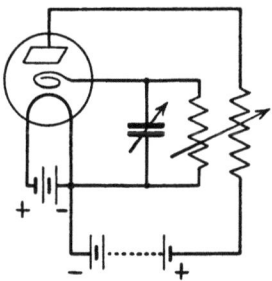

Abb. 146. Röhrensenderschaltung.

wird wieder auf das Gitter übertragen, wieder verstärkt, wieder zurückgeführt usf. **Es findet also durch die Energierückführung durch den Rückkopplungskanal eine Aufschaukelung der Schwingung statt.**

Unser Gedankenexperiment zeigt also, daß eine anfänglich schwache Schwingung bei einer Rückkopplungsschaltung aus einer gedämpften zu einer ungedämpften wird, da die Energie verstärkt immer wieder zurückgeführt wird. Die Verluste, die als Widerstand usw. das Abklingen der Schwingung bewirken, werden durch die Rückkopplung scheinbar aufgehoben, denn die Schwingung klingt nun ja nicht mehr ab, sondern ist ungedämpft. Die Rückkopplung wirkt somit wie ein „negativer Widerstand". (Der negative Widerstand hebt die positiven auf.)

Verfolgt man diesen Vorgang genauer, so zeigt es sich, daß schon vor dem Einsetzen der Schwingung dieser negative Widerstand wirksam wird. Koppelt man sehr lose zurück, so setzt die Schwingung noch nicht ein, aber der Kreis hat schon eine Schwingungsneigung. Man sagt, der negative Widerstand ist noch kleiner als der positive, die Schwingung setzt erst bei Gleichheit des positiven Widerstandes mit dem negativen durch die Rückkopplung ein. Der Gesamtwiderstand oder die Gesamtdämpfung

128 Die Elemente der drahtlosen Fernmeldetechnik.

der Anordnung ist aber schon bedeutend herabgesetzt, wir haben bei genügend loser Rückkopplung vor dem Einsetzen der Schwingung Dämpfungsreduktion (Abb. 147).

Für den Amateur kommen die Röhrensenderschaltungen nur insofern in Frage, als er wissen muß, daß die meisten Rundfunk-

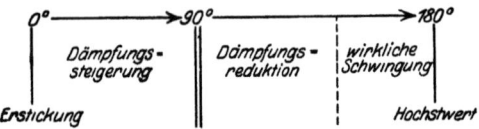

Abb. 147. Die Abhängigkeit vom Sinn der Rückkopplung.

sender mit Röhren als Schwingungserzeuger arbeiten. Die Genehmigung von Privatsendern ist außer den den Klubs zugestandenen in Deutschland nicht zu erwarten. Von größter Bedeutung

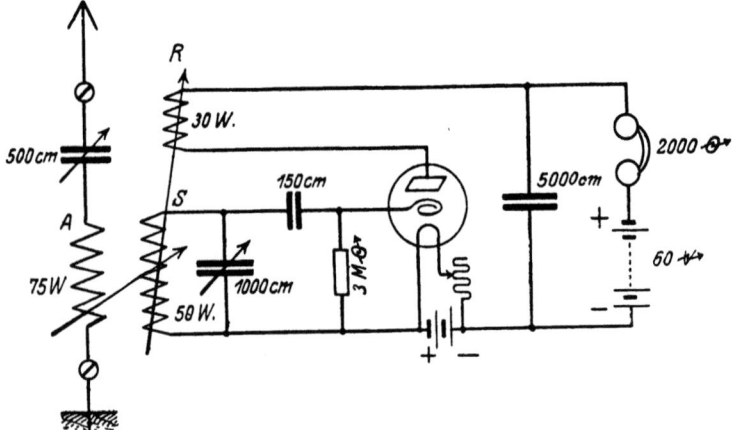

Abb. 148. Schwingaudionschaltung.

für den Amateur ist aber die Möglichkeit der Erzeugung von Dampfungsreduktion durch lose Rückkopplung. Haben wir eine Empfangsschaltung und können wir bei ihr durch Rückkopplung die dämpfenden Widerstände verringern, so ist dies gleichwertig mit einer erheblichen Empfindlichkeitssteigerung, denn der Empfangsstrom in der Antenne ist ja abhängig von ihrer Dämpfung Es ist also naheliegend, auch Empfangsschaltungen mit Rückkopplung zu versehen (Abb. 148, 149).

Die Rohre als Sender und Überlagerer. 129

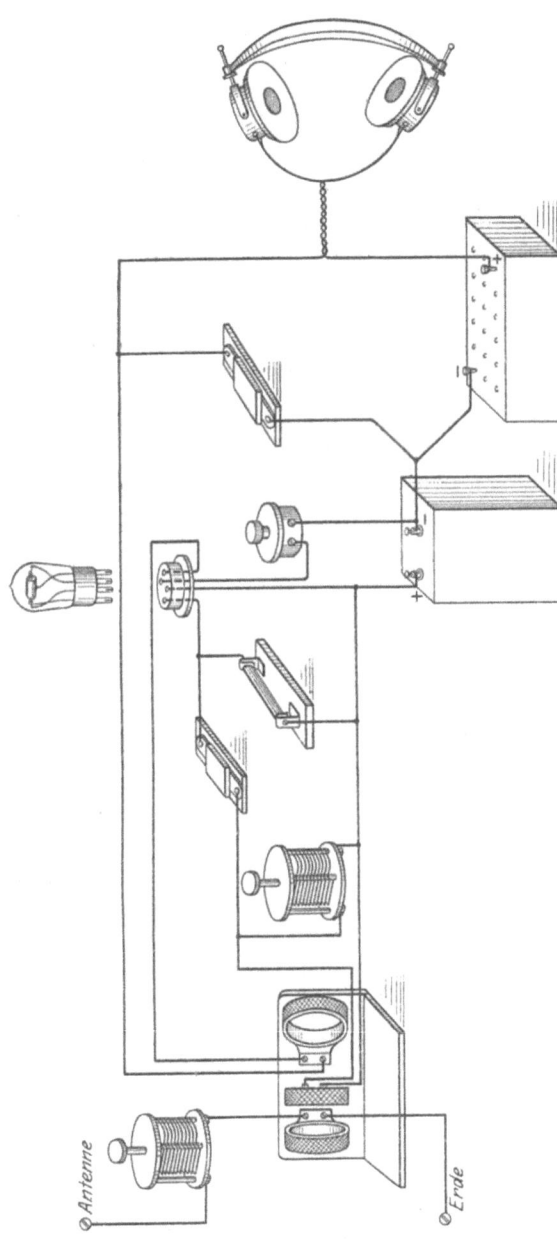

Abb. 149 Schaltbild eines Schwingaudions.

Riepka, Lehrkurs. 9

In der Schwingaudionschaltung kombiniert man die gewöhnliche Audionschaltung mit der Rückkopplungsschaltung. Wie früher wird zur Übertragung die Spule A mit der Spule S gekoppelt, aber abweichend jetzt noch die Anodenkreisspule R auf die Spule S rückgekoppelt. Zieht man die Rückkopplung allmählich fester, so beginnt die Dämpfungsreduktion wirksam zu werden, die schwachen Empfangsströmchen erscheinen viel stärker, die **Empfindlichkeit** der Schaltung wird ganz erheblich vergrößert.

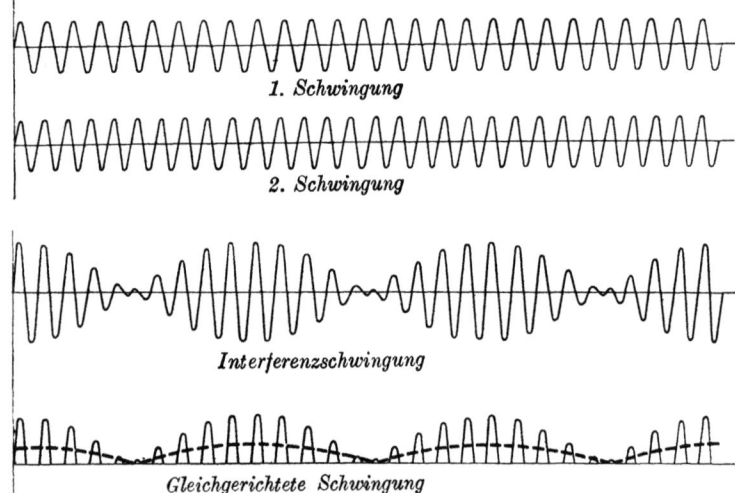

Abb. 150. Interferenz als Summation zweier Schwingungen.

Wird nun aber die Rückkopplung noch fester gemacht, so daß der durch sie erzeugte negative Widerstand gleich der Summe aller vorhandenen Dämpfungen im Empfangskreis wird, so besteht die selbsttätige Schwingungserzeugung, die **Empfangsschaltung wirkt als Senderschaltung**. Die Empfindlichkeit der Schaltung läßt nun wieder erheblich nach und ein Telephonieempfang ist bei dieser Einstellung wegen der auftretenden Verzerrungen nicht mehr möglich. Es zeigt sich nun aber folgende, auch aus der Akustik schon bekannte Erscheinung. Stelle ich meinen Empfänger auf Schwingen ein und empfange ich gleichzeitig die Schwingungen eines ungedämpften Senders, so addieren sich beide Schwingungen in meinem Apparat. Sind beide

Die Röhre als Sender und Überlagerer.

gegeneinander etwas verstimmt, so bildet sich eine **Schwebungs-** oder **Interferenzschwingung** heraus (Abb. 150). Diese physikalische Erscheinung hat folgenden Charakter. In unserer Abbildung sind die beiden Schwingungen, die ein wenig voneinander sich unterscheiden, übereinander gezeichnet und rein zeichnerisch addiert. Wir sehen, daß sich eine neue Schwingung ergibt, deren Amplitude aber periodisch auf- und abschwankt. Richten wird diese Schwingung gleich, so würden wir im Telephon nur die langsame Schwebungsschwingung feststellen. Eine einfache Rechnung ergibt nun, daß die Frequenz dieser langsamen „Überlagerungs"schwingung nur die Differenz der beiden Erzeugerfrequenzen ist. Also:

$$f_u = f_1 - f_2.$$

Der zu empfangende, ungedämpfte Sender gebe auf der Welle 400 m; stelle ich mein Schwingaudion bei fest angezogener Rückkopplung auf 400,5 m ein, so errechnet sich die Überlagerungsschwingung, wie folgt:

$$
\begin{array}{ll}
400 \text{ m identisch mit} & 750000 \text{ Hertz} \\
400,5 \text{ ,,} \quad \text{,,} \quad \text{,,} & \underline{749000 \text{ ,,}} \\
\text{Differenz} & 1000 \text{ Hertz}
\end{array}
$$

Die Einstellung dieser Überlagerungsschwingung oder dieses Schwebungstones gibt uns die Möglichkeit, auch ungedämpfte Sender durch einen Pfeifton hörbar zu machen. Durch die Einstellung der Überlagerungsfrequenz kann ich auch die Höhe dieses Tones verändern, denn mit der Änderung des Diminuendus verändert sich auch die Differenz. Ist z. B. bei der Stellung des Drehkondensators im Empfänger auf 90° der Empfänger genau auf den Sender abgestimmt, so würde man keinen Überlagerungston hören, denn in diesem Fall ist die Differenz beider Schwingungen gleich Null; verstimme ich nach einer Seite, also f_1 größer oder kleiner als f_2, so entsteht eine wachsende Differenz, die dann als Ton hörbar wird, bis dieser bei zu großem Differenzwert ins unhörbar Hohe verschwindet (Abb. 151). Wenn der eigne Empfänger also schwingt und man einen ungedämpften Sender, der gerade Strich gibt, empfängt, so hört man beim Hindurchdrehen des Abstimmkondensators durch die Resonanzlage einen Pfeifton, der von den höchsten Tönen herab bis auf Null und dann wieder bis zu höchsten Tönen sich bewegt, wie iüu üüi.

132 Die Elemente der drahtlosen Fernmeldetechnik.

Für den Empfang bietet die Interferenzmethode nicht nur den Vorteil der Hörbarmachung ungedämpfter Sender, sondern auch den einer gewissen Empfindlichkeitssteigerung dadurch, daß bei

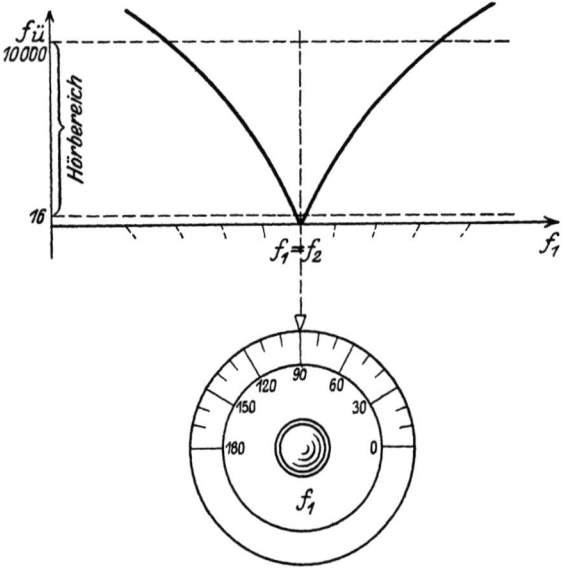

Abb. 151. Überlagerungston in Abhängigkeit von der Drehkondensatorstellung.

der Inferenzbildung zu der Empfangsschwingung noch die Überlagerungsschwingung hinzuaddiert wird, man also größere Empfangsstromstärken erzielt.

Nun steht aber als grundsätzliche Bestimmung auf jeder A.V.E.-Urkunde folgende Bestimmung:

In den Zeiten, in denen die im Bereich der Empfungsanlage hauptsächlich aufgenommenen deutschen Unterhaltungsrundfunksender arbeiten, dürfen Versuche mit Rückkopplung nur insoweit vorgenommen werden, als eine Schwingungserzeugung dadurch nicht eintritt.

Die Bestimmung ist von größter Wichtigkeit für das gesamte Rundfunkwesen, und zwar aus folgendem Grunde. Habe ich meine Empfangsanlage durch zu feste Rückkopplung über den Zustand des Anschwingens hinaus in den der Schwingungserzeugung gebracht, so wirkt meine Antenne wie die eines Senders. Die Empfänger in meiner Nähe (Gefahrbereich ist ungefähr der Umkreis von 2 km) nehmen dann unter Umständen gleichzeitig mit der Sendeschwingung eines Rundfunksenders meine Überlagerungsschwingung auf. Diese beiden Schwingungen werden sicher nicht in ihrer Frequenz übereinstimmen, so daß mein Nachbar die Interferenzschwingung als das einem jeden bekannte, jeden Rundfunkempfang störende Überlagererpfeifen (Hundegeheul) aufnimmt. Es ist also strengste Pflicht, bei allen Versuchen mit Rückkopplung darauf zu achten, daß der eigne Empfänger, solange man sich in dem Wellenbereich von gerade arbeitenden Telephoniesendern befindet, nicht schwingt! Man stört dadurch nicht nur Röhrenempfangsstationen, sondern auch jeden Rundfunkteilnehmer mit einer einfachen Detektorstation, denn auch in dessen Apparat vereinigt sich die Senderschwingung und die des strahlenden Empfängers zu einem Schwebungston. Es kommt noch hinzu, daß auch auf längeren Wellen unvorsichtige Rückkoppler empfindlich dadurch stören können, daß die Schwingungsenergien ihrer Apparate stärker sind als die ferner Großstationen, so daß sie die Aufnahmeapparate des Überseeverkehrs stören. Also Vorsicht!

Für den Ferntelephonieempfang kommt eine Schwingungserregung nicht in Frage, da das Schwingaudion seine größte Empfindlichkeit im Anschwingzustand, also kurz vor dem Schwingungseinsatz hat, so daß hier eine zu feste Rückkopplung schädlich lich auch aus diesem Grunde ist. Den Einsatz der Schwingung merkt man an einem leisen Knacken oder Rauschen im Telephon; während des Schwingens sind auch die Gitter- und Anodenklemmen des Apparates gegen Berührung empfindlich.

15. Die Verteilung der Wellenlängen.

Nachdem der Amateur sich durch die schwierigen Elemente der Funkwissenschaft hindurchgearbeitet hat, wird er sich ein Betätigungsfeld suchen. Als erste Aufgabe wird er sich natürlich stellen, die europäischen und auch möglichst einige amerikanische Rundfunksender zu empfangen. In dieser Technik muß es der wahre Amateur soweit bringen, daß er auch unter schwierigeren Großstadtverhältnissen einen einigermaßen sicheren Empfang dieser Sender aufrechterhalten kann. Doch dies ist eine kleinere

134 Die Elemente der drahtlosen Fernmeldetechnik.

Aufgabe. Ein jeder Amateur müßte morsen lernen. Beherrscht er erst diese Kunst, so beginnt neben dem rein naturwissenschaftlichen Reiz unserer Wissenschaft im allgemeinen und dem ethischen des Ferntelephonieempfanges der Reiz des Beheimatetseins im Äther zu wachsen. Man kennt eine jede flüsternde Stimme, sei es ein amerikanischer Sender, sei es die Großstation Funabashi in Japan oder sei es Honolulu. Aber auch hier ertönt noch einmal die Stimme des Gesetzes:

Zugelassen zur Aufnahme ist der deutsche und ausländische Unterhaltungsrundfunk sowie die „an alle" (CQ) gegebenen Nachrichten. Der Inhalt anderer Funkverkehrs darf weder niedergeschrieben noch anderen mitgeteilt oder irgendwie verwertet werden.

Für eine jede Empfangsbetätigung ist die Bekanntschaft mit der Einteilung des Wellenbereichs notwendig, damit man ungefähr weiß, wo die zu empfangende Station zu suchen ist. Im folgenden übernehme ich teilweise eine offiziöse Zusammenstellung über die Aufteilung des Äthers der Zeitschrift „Funk", Heft 8, 1924:

Das deutsche Funkwesen gliedert sich in die **Funkdienste der Reichstelegraphenverwaltung.**

Auslandsfunkverkehr, ebenso wie Überseefunkdienst der Transradio A.G. auf Wellen über 3000 m Handtastung und Schnelltelegraphie. Empfang in Zehlendorf bzw. Geltow bei Potsdam, für einige amerikanische Verkehrslinien auch in Westerland auf der Insel Sylt, in deren Umgebung völlige Störungsfreiheit aller hohen Wellen (von etwa 3000 m an) unbedingt erforderlich ist. Geringste Störung durch Pfeifen von Überlagerern bedeutet für die hochempfindlichen Auslandsempfangsapparaturen sofortige Unterbrechung des Empfangs.

Inlandsfunkverkehr auf dem Reichsfunknetz während der Tagesstunden an folgenden Orten: Berlin (Empfang in Zehlendorf Mitte), Bremen, Breslau, Darmstadt, Dresden, Elbing, Erfurt, Hamburg, Hannover, Königsberg i. Pr., Konstanz, Leipzig, Liegnitz, Lüdenscheid, München, Stuttgart. Verkehrswellenlängen zwischen 1000 und 3000 m wechselnd je nach Störungsverhältnissen. Anlagen arbeiten im Doppelverkehr, empfangen also auch, während gesendet wird. Außerdem vorhanden ein **Reichsrundfunk**, der von einem Sender in Berlin oder Königswusterhausen getastet, auf allen großen Telegraphenämtern und zahlreichen kleineren Postanstalten

Die Verteilung der Wellenlängen. 135

(im ganzen etwa 80) empfangen wird. Reichsrundfunk arbeitet im allgemeinen nur zu wenigen Stunden am Tage, dagegen bei Massenstörungen der Leitungen usw. dauernd. Wellenlänge 3300 m.

Küstenfunkverkehr. Gedämpft auf Wellen 300 m, 600 m, 800 m, ungedämpft auf 1800 m und 2000 bis 2500 m. Diese Wellenlängen in der Nähe der Küstenfunkstellen mit besonderer Sorgfalt störungsfrei halten. Küstenfunkstellen in Cuxhaven, Bremerhaven Lloydhalle, Norddeich (Empfangsstelle Norden) und Swinemünde. 300 m Welle gilt für den Nahverkehr zwischen Küstenfunkstellen und Feuerschiffen, 600 m für den allgemeinen Schiffsverkehr an der Küste und auf See (Seenotrufe!), 800 m für den Peildienst, die genannten ungedämpften Wellen für den funktelegraphischen Fernverkehr mit Schiffen im Atlantik usw. sowie den funktelephonischen Verkehr zwischen Land und Bord.

Sonderfunkdienste (für Presse- und Wirtschaftsdienst u. dgl.) zur Zeit auf 2500 m, 3150 m und 4000 m von etwa 7 Uhr vorm. bis 10 Uhr nachm. Sender in Königswusterhausen, Empfänger im ganzen Reich, vor allem in den Städten an den Mittelpunkten des Wirtschaftslebens (Banken, Pressezentralen usw.). Also im Stadtinneren und in Nähe von Empfangsanlagen für Rundspruch jedes Stören in der Nähe dieser Wellen vermeiden.

Überseefunkdienst der Transradio A. G. (siehe unter Auslandsfunkverkehr). Empfang in Geltow bei Potsdam.

Zeitsignal täglich 12.50 Uhr bis 1.00 Uhr mittags und nachts auf 3100 gedämpft und 18000 m ungedämpft. Funkstille hierfür im ganzen Reich.

Wetterdienst auf Welle 5700 m zu verschiedenen Tages- und Nachtzeiten. Besonders beachten in der Nähe der Wetterdienststellen, die sämtlich mit Empfangsgerät ausgerüstet sind (vor allem Seewarte Hamburg und Observatorium Lindenberg, Kr. Beeskow) (900 m).

Heeresübungsverkehr — außer bei Manövern oder beim Einsatz von Truppen — im allgemeinen nur in den Morgenstunden bis 10.00 Uhr auf Wellen bis zu 1100 m aufwärts.

Marinefunkverkehr auf gedämpften Wellen 450 m, 600 m, 720 m und für Peilverkehr 800 m, sowie gedämpft und ungedämpft auf 1250 m und 1650 m. Besondere Sorgfalt in der Umgebung von Wilhelmshaven, Kiel, Neumünster und Pillau erforderlich. Peilempfangsstelle in List auf Sylt, in Nordholz und auf Borkum.

Polizeifunkverkehr. Für Polizei- und Fahndungsdienst ungedämpft auf 1150 m und 1320 m. Polizeifunkanlagen in allen größeren Städten Verkehr bei Tag und Nacht. Vereinzelt innerhalb der Länder noch gedämpft auf Wellen unter 650 m. Sendeempfangsanlagen stets am Ort der zentralen Polizeileitung.

Flugfunkverkehr. Für Betriebsmeldungen zwischen den Flughäfen und Wetterdienst für die Luftfahrt auf ungedämpften Wellen 900, 1400, 1680 m. Verkehr wird wahrgenommen durch die Flughafenfunkstellen (Berlin, Hamburg, Königsberg i. Pr., München), auf anderen Flugplätzen durch Post- oder andere behördliche Funkstellen. Dienst im allgemeinen vom Hellwerden bis Dunkelheit, erfordert im Interesse der Sicherheit der Flugzeuge besondere Rücksicht.

Unterhaltungsrundfunk: Telephonverkehr auf Wellen zwischen 250 m und 800 m. Augenblickliche Verteilung:

Stationsname		λ in m	Stationsname		λ in m
Brüssel		265	Stockholm		440
Cassel		288	Stuttgart		443
Dresden		292	Leipzig		454
Hannover		296	Paris	Tel.-Schl. FPJI	458
Sheffield	6 FL	301	Königsberg		463
Stoke on Tr.	6 ST	306	Frankfurt		470
Liverpool	6 LV	315	Lyon		470
Nottingham	5 NC	322	Birmingham	5 JT	475
Edinburg	2 EH	328	Swansea	5 SX	485
Bremen		330	München		485
Dundee	2 DE	331	Aberdeen	2 BD	495
Plym.-Hull	(5 PY 6 KH)	335	Berlin		505
Nürnberg		340	Zürich		515
Petit Parisien, Paris		345	Wien		530
Leeds	2 LS	346	Kopenhagen		775
Cardiff	5 WA	351	Ymuiden	PCMM	1050
Nizza		360	Amsterdam	PAS	1050
London	2 LO	365	Haaren		1100
Manchester	2 ZY	375	Genf		1100
Bournemouth	6 BM	385	Prag		1150
Madrid		392	Lausanne		1180
Hamburg		395	Brünn		1180
Newcastle	5 NO	400	Chelmsford	5 XX	1600
Münster		410	Belgrad		1650
Breslau		418	Radio Paris		1780
Glasgow	5 SC	420	Eiffelturm		2650
Rom		426	Königswusterhausen		2800
Belfast	2 BE	435			

Kurzwellenverkehr: Amateursender und Versuchsfernverkehr von 200 m bis 25 m.

Man sieht aus dieser Zusammenstellung, daß auch hier schon die Welt fast vergeben ist, denn eng liegen die Stationen aneinander. Für den Amateur ergibt sich aber hieraus die Tatsache, daß keine Minute vergeht, wo er nicht auf irgendeiner Welle interessante Nachrichten mit seinem Apparat abhören kann. Aber schon bei diesen Empfangsversuchen in den Mußestunden wird ihm bald die Erkenntnis werden, daß das Wissensquantum, das dieses Büchlein birgt und das nach dem augenblicklichen Stande der gesetzlichen Regelung als reichlich genügend für die Anwärter auf die A.V.E. angesehen wird, nur ein ganz kleiner Bruchteil des Tatsachenmaterials ist, das geniale Männer in dreißig Jahren gesammelt haben.

Tabellen.

Das griechische Alphabet.

Betonung auf der ersten Silbe. ᨆ kurz; - lang; th = t; ph = f; y = ü.

A	α	alpha	I	ι	ióta	P	ϱ	ro
B	β	bēta	K	$\varkappa$	kappa	Σ	$\sigma\,(\varsigma)$	sigma
Γ	γ	gamma	Λ	λ	lambda	T	τ	tau
Δ	δ	delta	M	μ	my	Y	υ	ypsĭlon
E	ε	ĕpsilon	N	ν	ny	Φ	φ	phi
Z	ζ	zēta	Ξ	ξ	xı	X	χ	chi (ch wie in weich)
H	η	ēta	O	o	ŏmikron			
Θ	ϑ	thēta	Π	π	pi	Ψ	ψ	psi
						Ω	ω	ōmĕga

Dielektrizitätskonstanten.

Material	ε
Ebonit	2,0 bis 3,0
Flintglas, sehr leicht	6,61
„ leicht	6,72
„ dicht	7,4
„ doppelt extra dicht	9,90
Glimmer	4 bis 8
Guttapercha	2,8 bis 4,2
Kautschuk, rein	2,12
„ vulkanisiert	2,69
Kolophonium	2,55
Luft 1 mm Hg Druck	0,94
„ 5 „ „ „	0,9985
Ozokerit Schmieröl, Siedepunkt 430°	2,16
Papier	1,8 bis 2,6
Paraffin, fest	1,9 bis 2,2

Dielektrizitätskonstanten (Fortsetzung).

Material	ε
Petroleum	2,0 bis 2,3
Porzellan (Gleichstrom)	5,3
„ (Wechselstrom)	4,4
Rapsöl	2,3
Rüböl	3
Transformatorenöl {Mineralöl	2,2
{Harzöl	2,5
Schellack	2,6 bis 3,7
Schwefel	2,42
Starkstromkabel-Isolation (imprägn. Papier oder Jute)	4,31
Terpentinöl	2,2
Wasser	ca. 80

Die Dielektrizitätskonstante der Metalle ist unbekannt.

Ohmscher Widerstand.

1 m Draht von 1 mm² Querschnitt hat ? Ohm-Widerstand?

Aluminium	0,031	⌀	Silber	0,0158	⌀
Blei	0,2	„	Tantal	0,165	„
Eisendraht	0,14	„	Zink	0,063	„
Gold	0,022	„	Zinn	0,12	„
Kohle	13—100	„	Messing	0,07	„
Kupfer	0,0178	„	Manganin	0,43	„
Nickel	0,12	„	Konstantan	0,49	„
Platin	0,094	„	Neusilber	0,39	„
Quecksilber	0,953	„			

Morsezeichen.

1. Buchstaben.

a	·—	f	··—·	n	—·	u	··—
ä	·—·—	g	——·	o	———	ü	··——
b	—···	h	····	ö	———·	v	···—
c	—·—·	i	··	p	·——·	w	·——
ch	————	j	·———	q	——·—	x	—··—
d	—··	k	—·—	r	·—·	y	—·——
e	·	l	·—··	s	···	z	——··
é	··—··	m	——	t	—		

2. Ziffern.

1	·————	6	—····
2	··———	7	——···
3	···——	8	———··
4	····—	9	————·
5	·····	0	—————

3. Unterscheidungs- und andere Zeichen.

Punkt	[.]	······
Strichpunkt	[;]	—·—·—·
Komma	[,]	·—·—·—
Doppelpunkt	[:]	———···
Fragezeichen oder Aufforderung zur Wiederholung einer nicht verstandenen Mitteilung	[?]	··——··
Ausrufungszeichen	[!]	—·—··——
Apostroph	[']	·———·
Bindestrich	[-] oder [=]	—·····—
Bruchstrich	[/]	—··—·
Klammer (vor und nach den einzuschließenden Worten und Zahlen)	[()]	—·——·—
Anführungszeichen (vor und nach den einzuschließenden Worten und Zahlen)	[„"]	·—·—·
Unterstreichungszeichen (vor und hinter die zu unterstreichenden Worte oder Satzteile zu setzen)	[.]	··——·—
Doppelstrich	[=]	—···—
Anruf (jeder Übermittelung vorangehend)		—·—·—
Verstanden		···—·
Irrung (Unterbrechung)		········
Schluß der Übermittelung		·—·—·
Aufforderung zum Nehmen		··—·—
Aufforderung zum Geben (kommen)		—·—
Warten		·—···
Quittung		·—··—··—·
Aufgearbeitet		···—·—

Umrechnungstabellen.

Tabelle zur Umrechnung μF in cm: μH in cm.

$1\,\mu F = 900000$ cm	$1\,\mu H = 10^{-6}\,H = 1000$ cm
1 μF = 900000 cm	1000000 μH = 1 $H = 10^9$ cm
0,9 „ = 810000 „	100000 „ = 0,1 „ = 10^8 „
0,8 „ = 720000 „	10000 „ = 0,01 „ = 10^7 „
0,7 „ = 630000 „	1000 „ = 0,001 „ = 10^6 „
0,6 „ = 540000 „	100 „ = 10^{-4} „ = 100000 „
0,5 „ = 450000 „	10 „ = 10^{-5} „ = 10000 „
0,4 „ = 360000 „	1 „ = 10^{-6} „ = 1000 „
0,3 „ = 270000 „	0,1 „ = 10^{-7} „ = 100 „
0,2 „ = 180000 „	0,01 „ = 10^{-8} „ = 10 „
0,1 „ = 90000 „	0,001 „ = 10^{-9} „ = 1 „
0,01 „ = 9000 „	
0,001 „ = 900 „	
0,0001 „ = 90 „	

Tabelle zur Umrechnung von **engl.** Drahtstärken in metrisches Maß.

SWG = Imperial Standard Wire Gange.
s. s. c. = 1 × Seide umsponnen
d. s. c. = 2 × „ „
s. c. c. = 1 × Baumwolle umsponnen
d. c. c. = 2 × „ „

WG	Engl. Zoll	mm	WG	Engl. Zoll	mm	WG	Engl. Zoll	mm
7/0	0,500	12,70	13	0,092	2,33	32	0,0108	0,274
6/0	0,464	11,78	14	0,080	2,03	33	0,0100	0,254
5/0	0,432	10,97	15	0,072	1,83	34	0,0092	0,233
4/0	0,400	10,16	16	0,064	1,62	35	0,0084	0,213
3/0	0,372	9,45	17	0,056	1,42	36	0,0076	0,193
2/0	0,348	8,84	18	0,048	1,22	37	0,0068	0,172
0	0,324	8,23	19	0,040	1,01	38	0,0060	0,150
1	0,300	7,62	20	0,036	0,914	39	0,0052	0,132
2	0,276	7,01	21	0,032	0,813	40	0,0048	0,122
3	0,252	6,40	22	0,028	0,711	41	0,0044	0,111
4	0,232	5,89	23	0,024	0,610	42	0,0040	0,101
5	0,212	5,38	24	0,022	0,559	43	0,0036	0,091
6	0,192	4,87	25	0,020	0,508	44	0,0032	0,081
7	0,176	4,47	26	0,018	0,457	45	0,0028	0,071
8	0,160	4,06	27	0,0164	0,416	45	0,0024	0,061
9	0,144	3,65	28	0,0148	0,376	47	0,0020	0,0508
10	0,128	3,25	29	0,0136	0,345	48	0,0016	0,0406
11	0,116	2,94	30	0,0124	0,315	49	0,0012	0,0305
12	0,104	2,64	31	0,0116	0,294	50	0,0010	0,0254

Vergleichung der Brown & Sharpe-**Americ.** Wire Gauge mit der Millimeterdrahtlehre.

WG	Engl. Zoll	mm	WG	Engl. Zoll	mm	WG	Engl. Zoll	mm
0000	0,460	11,684	12	0,080	2,05	27	0,0141	0,36
000	0,409	10,405	13	0,071	1,83	28	0,0126	0,32
00	0,364	9,266	14	0,064	1,63	29	0,0112	0,29
0	0,324	8,254	15	0,057	1,45	30	0,0100	0,25
1	0,289	7,348	16	0,050	1,29	31	0,0089	0,23
2	0,257	6,544	17	0,045	1,15	32	0,0079	0,20
3	0,229	5,83	18	0,040	1,02	33	0,0070	0,18
4	0,204	5,19	19	0,035	0,90	34	0,0063	0,16
5	0,181	4,62	20	0,031	0,81	35	0,0056	0,14
6	0,162	4,11	21	0,028	0,72	36	0,0050	0,13
7	0,144	3,66	22	0,025	0,64	37	0,0044	0,11
8	0,128	3,26	23	0,022	0,57	38	0,0039	0,10
9	0,114	2,90	24	0,020	0,51	39	0,0035	0,09
10	0,101	2,59	25	0,0179	0,455	40	0,0031	0,08
11	0,090	2,305	26	0,0159	0,405			

Sigeltabelle.

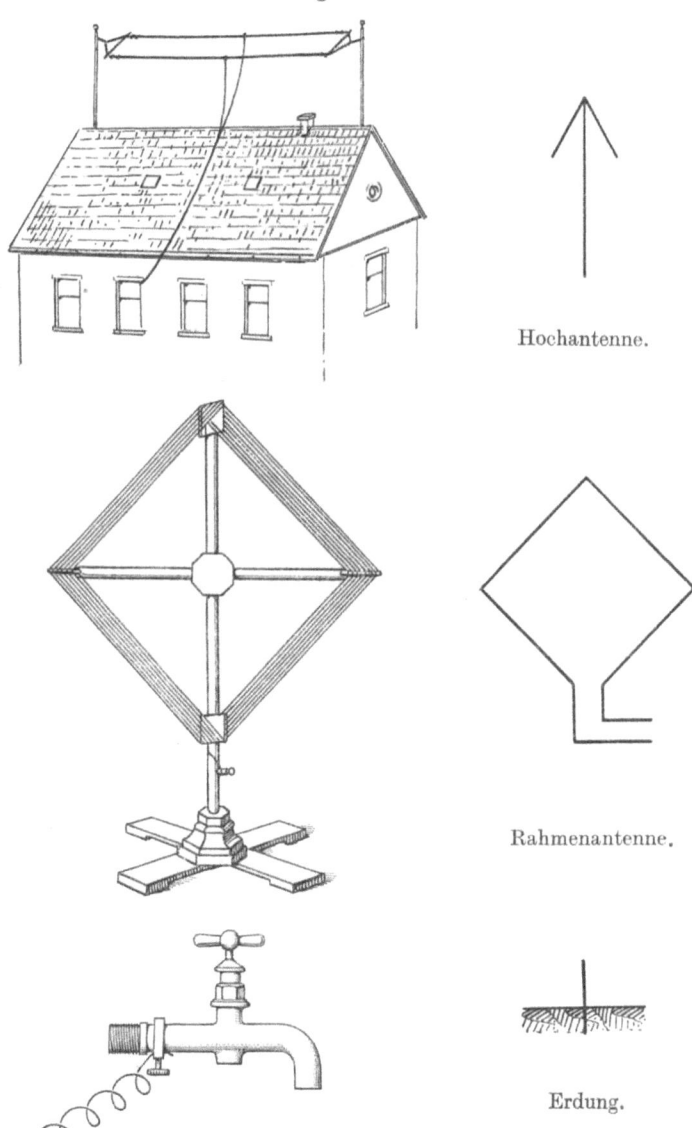

Hochantenne.

Rahmenantenne.

Erdung.

Sigeltabelle.

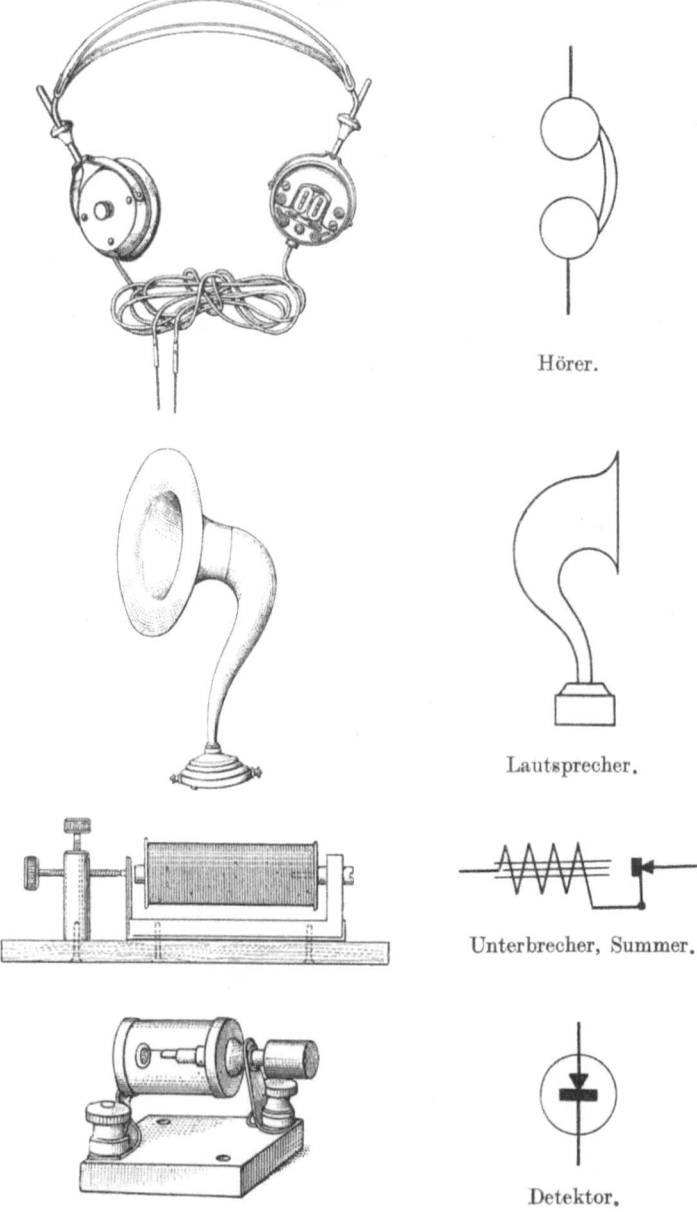

Hörer.

Lautsprecher.

Unterbrecher, Summer.

Detektor.

Sigeltabelle.

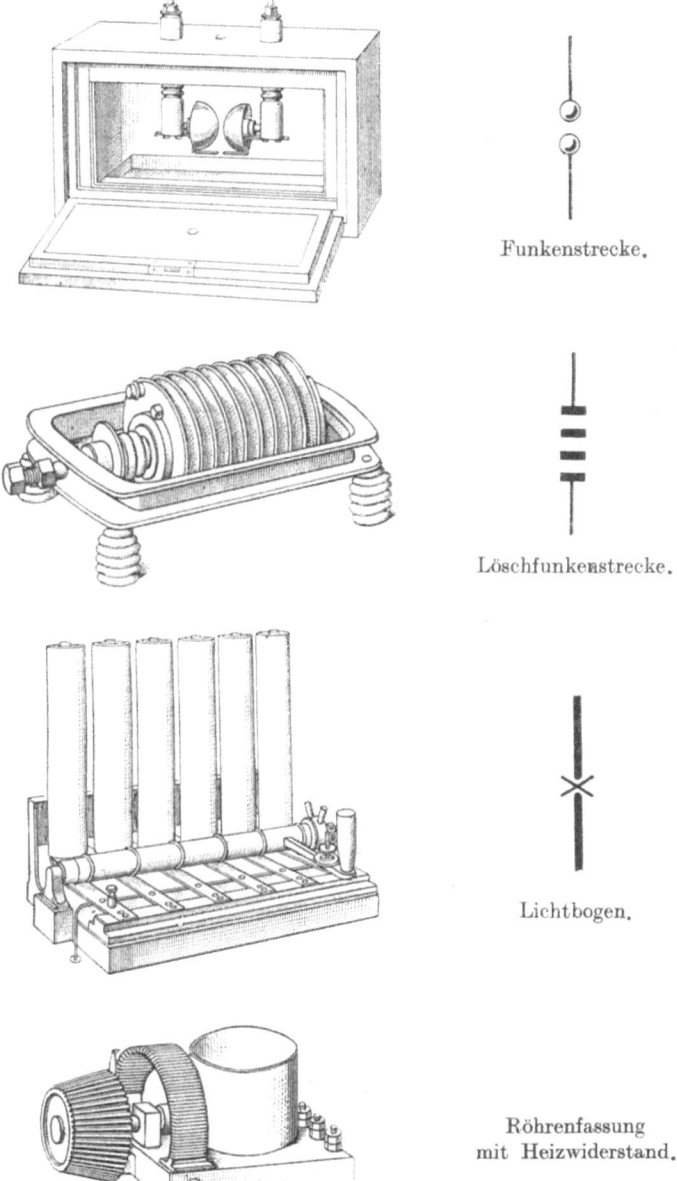

Funkenstrecke.

Löschfunkenstrecke.

Lichtbogen.

Röhrenfassung
mit Heizwiderstand.

Sigeltabelle.

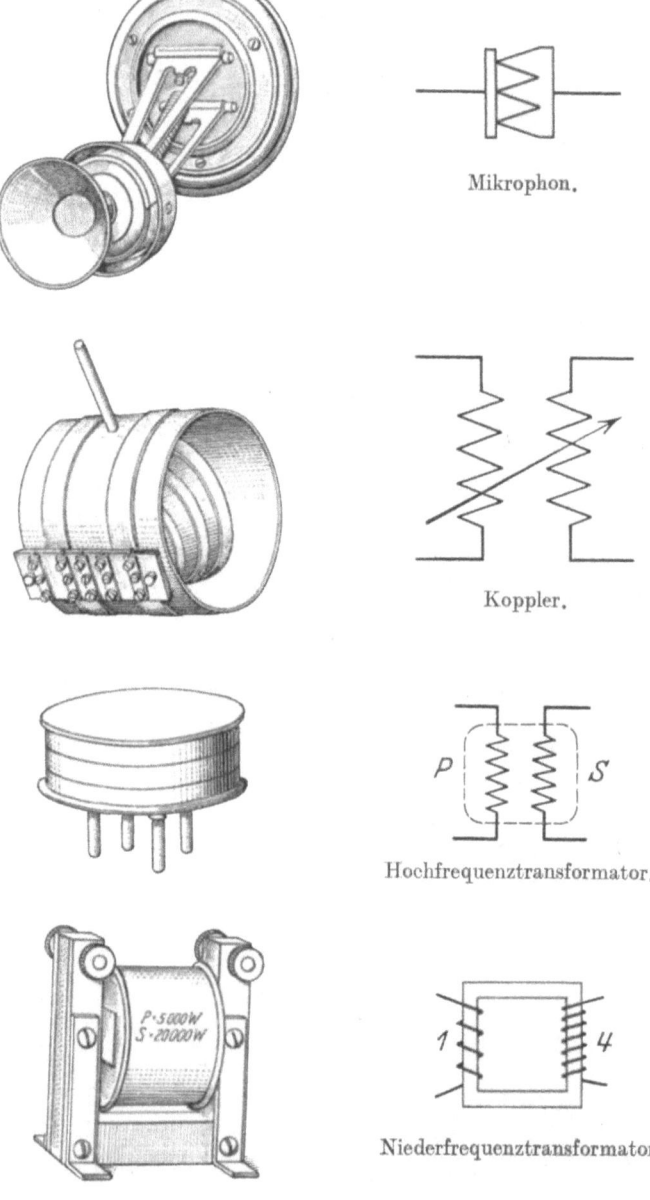

Mikrophon.

Koppler.

Hochfrequenztransformator.

Niederfrequenztransformator.

Sigeltabelle.

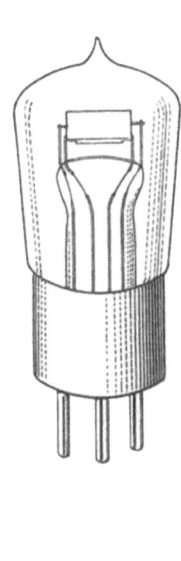 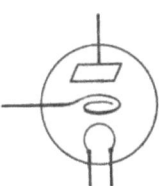

Elektronenröhre.

Leitungsverbindung.

 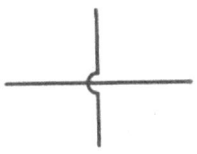

Leitungskreuzung.

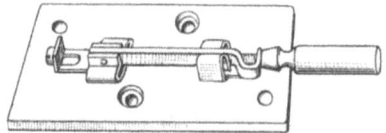

Schalter.

Sigeltabelle.

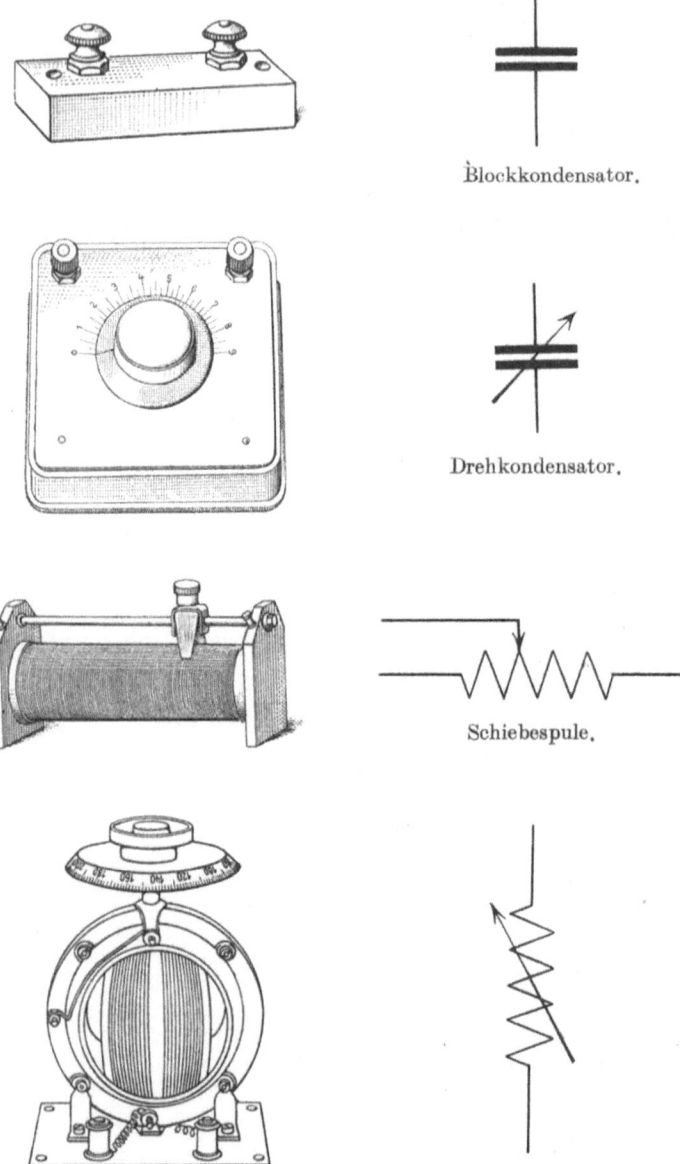

Blockkondensator.

Drehkondensator.

Schiebespule.

Variator.

Sigeltabelle.

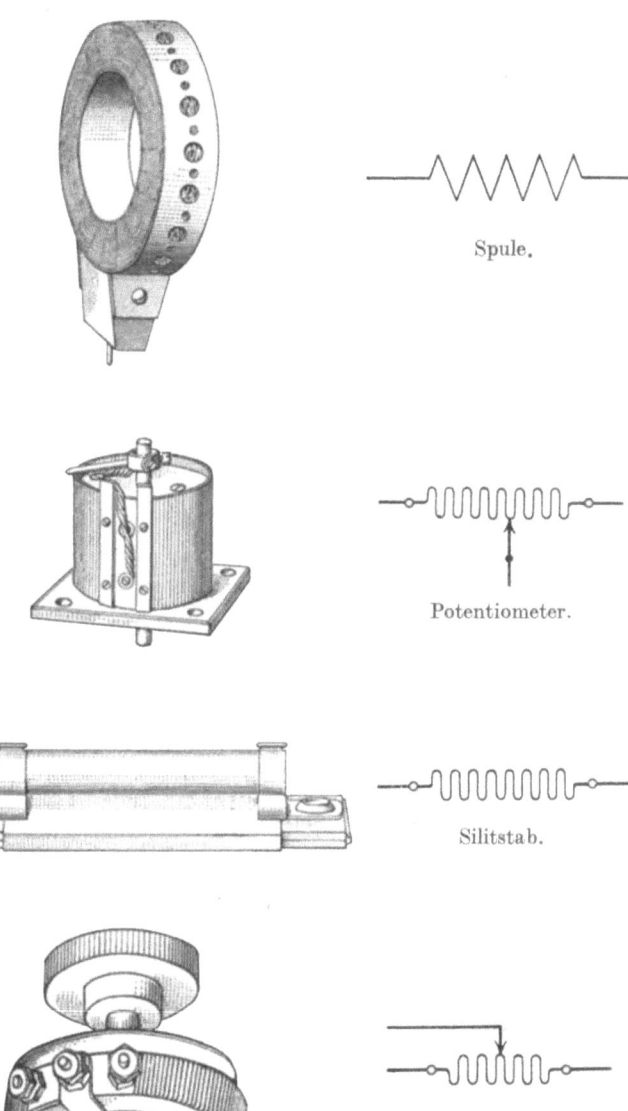

Spule.

Potentiometer.

Silitstab.

Heizwiderstand.

148 Sigeltabelle.

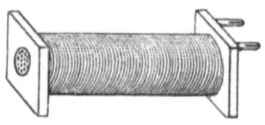 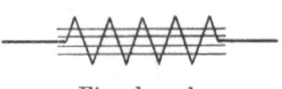

Eisendrossel.

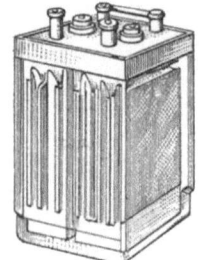 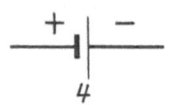

Heizbatterie.

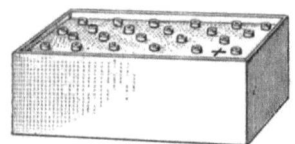 

Anodenbatterie.

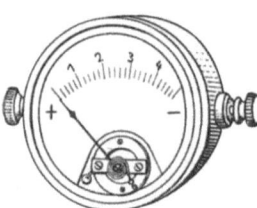 

Meßinstrument.

Druckfehlerberichtigung

S. 33, Zeile 12: lies er statt es.
S. 40, Zeile 15: lies 1 000 000 statt 10 000 000.
S. 97, Abb. 113: lies 100 W. statt 1000 W.
S. 47, die Abb. 60 steht auf dem Kopf.

Riepka, Lehrkurs.

Sachverzeichnis.

abstimmen 58, 86
Abstimmschärfe 95
Alphabet (griechisches) 137
Ampere 9
Amplitude 53
Anerkannte Vereine 2
Anode 103
Anschwingzustand 133
Antenne 66
— (Definition) 68
— (Kondensator) 69
— (Rahmen) 68
Anzapfspule 42
aperiodisch 53, 97
Arbeit 21
Äther 7
Atome 5
Atomkern 5
Atomzerfall 6
Audion 121
Auslandsfunkverkehr 134
A. V. E. 2

Bau von Antennen (Leitsätze des V. D. E.) 73
Blockkondensator 28

Charakteristik 17, 109
Chemie 4
cm (Kapazität) 25, 139
cm (Selbstinduktion) 40, 139
Coulomb 8

Dämpfung 53
Dämpfungsreduktion 128
Darstellung, graphische 17
Detektorkombinationen 89
Detektorkreis 97
Detektorwirkung 90

Dielektrikum 25
Dielektrizitätskonstante 26, 137
Dimensionen der Antenne 72
Dissoziation 50
doppelwellig 79
Drehkondensator 26
Drehspulmeßinstrumente 48
Dullemitter 102
Durchflutung 31
Durchgriff 110
Dynamoprinzip 44

Eigenkapazität 117
Eigenschwingung von Antennen 71
Eigenschwingungszahl (Schwingungskreis) 65
Eisen (hochlegiert) 39
Elektrizität 6
Elektrizitätsmenge 8
Elektroden 51
Elektronen 6
Elektronendruck 28
Elektronenemission 100
Elektrolyse 49
Elektrolyt 7
Elementarquantum 8
Elemente 4
Emissionsstrom 101
Empfindlichkeitssteigerung 128
Energie (potentielle, kinetische) 52
Energieübertragung 58, 84, 111
Energieumformer 44
Evakuierung 101

Farad 24
Feld 22
Feldlinien 22
Feldstärke 85
Fernwirkung der Antenne 70

Sachverzeichnis.

Flugfunkverkehr 136
Fortpflanzungsgeschwindigkeit 61, 65
Frequenz 29, 65
Frequenzwandler 82
Funkdienste 134
Funkenentladung 78
Funktion 22

Galvanisation 51
Gegengewicht 69
geschlossener Schwingungskreis 67
Gitter 105
Gitterstrom 109
Gittervorspannung 113
Gleichrichtung (Kristalldetektor) 90
— (gitterlose Röhre) 104
— (Gitterröhre) 120
Gleichstrom 16
Glühkathode 103
Glühlampendetektor 104

Halbleiter 7
Handregel 45
Heeresübungsverkehr 135
Heizleistung 21
Henry 40
Hintereinanderschaltung 14
Hitzdrahtmeßinstrumente 20
Hochfrequenzmaschinen 81
Hochfrequenztransformatoren 119
Horizontalantenne (Eigenschwingung) 72

Induktion 33
Induktionstelegraphie 77
Innerer Widerstand (Röhre) 110
Inlandsfunkverkehr 134
Interferenz 131
Ion 49
Isolationswiderstand 124
Isolator 7

Kapazität 8
Kaskadenverstärker 114
Kennlinie 17, 109
Kollektor 47
Kondensator 24

Kondensatorantenne 69
Kondensatorentladung 64
Koordinaten 17
Kopplung (induktive, kapazitive, galvanische) 37
— (galvanisch-induktive, galv.-kapazitive) 98
Kopplungsgrad 56, 95
Kraftfeld 22
Kurve 17
Kurzlangschalter 88
Kurzwellenverkehr 137
Küstenfunkverkehr 135

Ladestrom 27
Ladung 9
L-Antenne (Eigenschwingung) 72
Lautsprecherröhre 106
Leistung 21
Leiter, elektrischer 7
Lichtbogen 101
Lichtbogengenerator 83
Linearantenne (Eigenschwingung) 71
Lochweite 95
Löschfunkensender 79

Magnetfeld 30
Magnetinduktion 33.
Magnesiumspiegel 109
Marinefunkverkehr 135
Materie 4
Maschinenton 47
Materialfestigkeit 6
Membran 18
Mikrofarad 25
Mikrophon 18
Miniwattröhren 102
Modulation 92
Molekül 5
Molekülbildung 49
Monatsgebühr 3
Morsezeichen 138
Motor 48

Nebenschaltung 15
negativ 6
Negativer Widerstand 127

Sachverzeichnis. 151

Nichtleiter 7
Niederfrequenzverstärker 114
Niveaukarten 22
Nullpunkt (absolute Temperatur) 7

Offner Schwingungskreis 68
Ohm 10
Ohmscher Widerstand (Tabelle) 138
Optimum der Strahlung 68

Parallelkopfhörer 15
Parallelschaltung 15
— (Kondensatoren) 27
— (Spulen) 43
Peilfunkverkehr 135
Periodenzahl 29
Perpetuum monile 43.
Pfeifen 133
Phase 61
Photoeffekt 100
Plattenkondensator 26
Polarisation (dielektrische) 26
Polarität 45
Polizeifunkverkehr 136
positiv 6
Postmonopol 1
Potential 9
Potentialdifferenz 13
Potentiallinie 23
Potentiometer 38
Primärelemente 51
Primärspule 36
Prüfungsausschuß 3

Rahmenantenne 69
Raumladung 102
Regulierwiderstand 14
Reichsrundfunk 134
Reihenschaltung 14
— (Kondensatoren) 27
— (Spulen) 43
Resonanz 58, 63
Röhrendetektor 119
Röhrengleichung, innere 114
Röhrengitterwiderstand 111
Röhrensender 127
R. T. V. 1

Rückkopplung 125
Rückkopplungskanal 127
Rundfunkteilnehmerlizenz 4

Sättigungsstrom 103.
Sekundärelemente 52
Sekundärempfänger 98
Sekundärspule 36
Selbstinduktion 39
selektiv 97
Serienschaltung 14
Sigeltabelle 141
Sonderfunkdienste 135
Spannung 9
— (Verteilung über einen Schwingungskreis) 70
Spannungsabfall 13
— Spannungsresonanz 117
Sparröhren 102
Sperrkreis 118
Sprühentladungen 99

Scheinbarer Widerstand (Kapazität) 29
— (Spule) 41
Schiebespule 41
Schirmantenne (Eigenschwingung) 72
Schleifringe 46
Schreibtrommel 16
Schwebungston 131
Schwingaudion 130
Schwingung 53
Schwingungsdauer 54, 65.
Schwingungserzeugung 130
Schwingungszahlen 46, 65
Steilheit 114
Steuerwirkung des Gitters 106
Störfreiheit 96
Stoßerregung 58
Stoßionisation 100
Stoßkreis 80
Strahlung 61, 66
Strahlungsdämpfung 66
Streuung 68
Strom, elektrischer 7
Strom (Verteilung über einen Schwingungskreis) 70

Stromresonanz 118
Stromrichtung 12
Stromstärke 9
Stromwärme 20

T-Antenne (Eigenschwingung) 72
Taktfunken 82
Telefon 34
Tertiärempfänger 98
Töne 18
Trägerstrom 19
Transformator 36
Trommelanker 47

Überlagerung 131
Überseefunkdienst 135
Umlaufsgeschwindigkeit (Elektronen) 6
Ummagnetisierung 38
Umrechnungstabellen 139
Unterhaltungsrundfunk 136
Urstoff 6

Variator 42
verkürzen (Antenne) 87

verlängern (Antenne) 87
Verordnung zum Schutze des Funkverkehrs 1
Verstärkung 112
Verstärkertransformatoren 116
Verzerrung 113, 124
Volt 11
Vorsilben 9

Wärmeausdehnung 20
Wärmebewegung 7
Wechselfeld 33
Wechselstrom 16
Weicheiseninstrumente 48
Welle (elektrische) 68
Wellenlänge 61, 65
Wellenstrom 16
Wetterdienst 135
Wicklungssinn 126
Widerstand 10
Widerstandsverstärker 117

Zehnerpotenzen 5
Zeitzeichen 135

Verlag von Julius Springer in Berlin W 9

Kalender der Deutschen Funkfreunde 1925

Bearbeitet im
Auftrage des Deutschen Funk-Kartells
von
Dr.-Ing. **Karl Mühlbrett** und Ziviling. **Friedr. Schmidt**
Techn. Staatslehranstalten   Generalsekretär d. Deutschen
Hamburg   Funk-Kartells Hamburg

Mit einem Geleitwort von
Dr. **H. G. Möller**
Universitätsprofessor in Hamburg
Vorsitzender des Deutschen Funk-Kartells

Erster Jahrgang. (120 S.) Unveränderter Neudruck. 1925

Gebunden 2 Goldmark

Verlag von Julius Springer und M. Krayn in Berlin W 9

Der Radio-Amateur

Zeitschrift für Freunde der drahtlosen Telephonie
und Telegraphie
Organ des Deutschen Radio-Clubs

Unter ständiger Mitarbeit von
Dr. **Walther Burstyn**-Berlin, Dr. **Peter Lertes**-Frankfurt a. M., Dr. **Siegmund Loewe**-Berlin und Dr. **Georg Seibt**-Berlin u. a. m.

Herausgegeben von
Dr. **Eugen Nesper**-Berlin und Dr. **Paul Gehne**-Berlin

Erscheint wöchentlich
Vierteljährlich 5 Goldmark zuzüglich Porto

(Die Auslieferung erfolgt vom Verlag Julius Springer in Berlin W 9)

Verlag von Julius Springer in Berlin W 9

Der Radio-Amateur (Radiotelephonie). Ein Lehr- und Hilfsbuch für die Radio-Amateure aller Länder. Von Dr. **Eugen Nesper.** Sechste, vollständig umgearbeitete und erweiterte Auflage. Mit etwa 900 Textabbildungen. Erscheint im Mai 1925.

Radio-Schnelltelegraphie. Von Dr. **Eugen Nesper.** Mit 108 Abbildungen. (132 S.) 1922. 4.50 Goldmark

Elementares Handbuch über drahtlose Vakuum-Röhren. Von **John Scott Taggart,** Mitglied des Physikalischen Institutes London. Ins Deutsche übersetzt nach der vierten, durchgesehenen englischen Auflage von Dipl.-Ing. Dr. **Eugen Nesper** und Dr. **Siegmund Loewe.** Mit etwa 140 Abbildungen im Text. Erscheint im Frühjahr 1925.

Radiotelegraphisches Praktikum. Von Dr.-Ing. **H. Rein.** Dritte, umgearbeitete und vermehrte Auflage von Prof. Dr. **K. Wirtz,** Darmstadt. Mit 432 Textabbildungen und 7 Tafeln. (577 S.) 1921. Berichtigter Neudruck. 1922. Gebunden 20 Goldmark

Der Fernsprechverkehr als Massenerscheinung mit starken Schwankungen. Von Dr. **G. Rückle** und Dr.-Ing. **F. Lubberger.** Mit 19 Abbildungen im Text und auf einer Tafel. (155 S) 1924.
11 Goldmark; gebunden 12 Goldmark

Anleitung zum Bau elektrischer Haustelegraphen, Telephon-, Kontroll- und Blitzableiter Anlagen. Herausgegeben von der A.-G. **Mix & Genest,** Telephon- und Telegraphenwerke, Berlin-Schöneberg. Siebente, neubearbeitete und erweiterte Auflage. Mit zahlreichen Textabbildungen. (609 S) 1914. Gebunden 6 Goldmark

Telephon- und Signal-Anlagen. Ein praktischer Leitfaden für die Errichtung elektrischer Fernmelde- (Schwachstrom-) Anlagen. Herausgegeben von Oberingenieur **Carl Beckmann,** Berlin-Schöneberg. Bearbeitet nach den Leitsätzen für die Errichtung elektrischer Fernmelde- (Schwachstrom-) Anlagen der Kommission der Verbandes deutscher Elektrotechniker und des Verbandes elektrotechnischer Installationsfirmen in Deutschland. Dritte, verbesserte Auflage. Mit 418 Abbildungen und Schaltungen und einer Zusammenstellung der gesetzlichen Bestimmungen für Fernmeldeanlagen. (334 S.) 1923.
Gebunden 7.50 Goldmark

Die Nebenstellentechnik. Von Obering. **Hans B. Willers,** Berlin Schöneberg. Mit 137 Textabbildungen. (178 S.) 1920.
Gebunden 7 Goldmark

Verlag von Julius Springer in Berlin W 9

Bibliothek des Radio-Amateurs. Herausgegeben von Dr. Eugen Nesper.

1. Band: **Meßtechnik für Radio-Amateure.** Von Dr. **Eugen Nesper.** Dritte Auflage. Mit 48 Textabbildungen. (56 S.) 1925.
0.90 Goldmark

2. Band: **Die physikalischen Grundlagen der Radio-Technik** mit besonderer Berücksichtigung der Empfangseinrichtungen. Von Dr. **Wilhelm Spreen.** Dritte, verbesserte Auflage. Mit 111 Textabbildungen. Erscheint im Frühjahr 1925.

3. Band: **Schaltungsbuch für Radio-Amateure.** Von Karl Treyse. Neudruck der zweiten, vervollständigten Auflage. (19.—23. Tausend.) Mit 141 Textabbildungen. (64 S.) 1925. 1.20 Goldmark

4. Band: **Die Röhre und ihre Anwendung.** Von .Hellmuth C. **Riepka,** zweiter Vorsitzender des Deutschen Radio-Clubs. Zweite, vermehrte Auflage. Mit 134 Textabbildungen. (111 S.) 1925.
1.80 Goldmark

5. Band: **Der Hochfrequenz-Verstärker beim Rahmenempfang.** Ein Leitfaden für Radiotechniker. Von Ing. **Max Baumgart.** Zweite, umgearbeitete Auflage. Mit etwa 60 Textabbildungen.
Erscheint im Frühjahr 1925.

6. Band: **Stromquellen für den Röhrenempfang** (Batterien und Akkumulatoren). Von Dr. **Wilhelm Spreen.** Mit 61 Textabbildungen. (72 S.) 1924. 1.50 Goldmark

7. Band: **Wie baue ich einen einfachen Detektorempfänger?** Von Dr. **Eugen Nesper.** Mit 30 Abbildungen im Text und auf einer Tafel. Zweite Auflage. Erscheint im Frühjahr 1925.

8. Band: **Nomographische Tafeln** für den Gebrauch in der Radiotechnik. Von Dr. **Ludwig Bergmann.** Mit 47 Textabbildungen und zwei Tafeln. (79 S.) 1925. 2.10 Goldmark

9. Band: **Der Neutrodyne-Empfänger.** Von Dr. **Rosa Horsky.** Mit etwa 55 Textabbildungen. Erscheint im Mai 1925.

10. Band: **Wie lernt man morsen?** Von Studienrat **Julius Albrecht.** Mit 7 Textabbildungen. (38 S) 1924. 1.35 Goldmark

11. Band: **Der Niederfrequenz-Verstärker.** Von Ing. **O. Kappelmayer.** Mit 36 Textabbildungen. Zweite, vermehrte Auflage.
In Vorbereitung

12. Band: **Formeln und Tabellen** aus dem Gebiete der Funktechnik. Von Dr. **Wilhelm Spreen.** Mit 34 Textabbildungen. (76 S.) 1925.
1.65 Goldmark

Verlag von Julius Springer in Berlin W 9

Bibliothek des Radio-Amateurs. Herausgegeben von Dr. **Eugen Nesper.**

In den nächsten Wochen werden erscheinen:

13. Band: **Wie baue ich einen einfachen Röhrenempfänger?** Von **Karl Treyse.** Mit etwa 28 Textabbildungen.
14. Band: **Die Telephoniesender.** Von Dr. **P. Lertes.**
15. Band: **Innenantenne und Rahmenantenne.** Von Dipl.-Ing. **Fr. Dietsche.** Mit etwa 25 Textabbildungen.
16. Band: **Baumaterialien für Radio-Amateure.** Von **Felix Cremers,** Ingenieur. Mit etwa 10 Textabbildungen.
17. Band: **Reflex-Empfänger.** Von cand. ing. radio **Paul Adorján.** Mit 52 Textabbildungen.
18. Band: **Fehlerbuch des Radio-Amateurs.** Von Ingenieur **Siegmund Strauß.** Mit etwa 70 Textabbildungen.
19. Band: **Internationale Rufzeichen.** Von **Erwin Meißner.**
20. Band: **Lautsprecher.** Von Dr. **Eugen Nesper.** Mit etwa 50 Textabbildungen.

In Vorbereitung befinden sich:

Der Radio-Amateur im Gebirge. — **Funktechnische Aufgaben und Zahlenbeispiele.** — **Systematik der Schaltungen.** — **Kettenleiter und Sperrkreise.** — **Graphische Darstellungen.** — **Kurzwellen-Empfänger.** — **Die Hochantenne.**

Radio-Technik für Amateure

Anleitungen und Anregungen

für die Selbstherstellung von Radio-Apparaturen, ihren Einzelteilen und ihren Nebenapparaten

Von

Dr. **Ernst Kadisch**

Mit 216 Textabbildungen. (216 S.) 1925

Gebunden 5.10 Goldmark

Das vom Radio-Amateur für den Radio-Amateur geschriebene Buch enthält im theoretischen Teile eine gemeinverständliche Einführung und bietet **auch demjenigen Laien, dem das Bastlerinteresse ferner liegt, die Möglichkeit, in die einfachsten Grundlagen der drahtlosen Telephonie einzudringen.**

Die Selbstherstellung der Einzelteile, von Drehkondensatoren, Heizwiderständen, Spulen, Röhrenfassungen, Detektoren u. a. sowie der Zusatzapparate, z. B. Akkumulatoren, Anodenbatterien, Gleichrichtern, Meßinstrumenten usw. wird im praktischen Teil ausführlich geschildert. Fast immer sind mehrere Konstruktionsmöglichkeiten bildlich und textlich erläutert, auch mischen sich Anleitungen und Anregungen miteinander, so daß auch der **fortgeschrittene Amateur** aus dem Buche seinen Nutzen ziehen kann.

MIX
Papier aus verantwortungsvollen Quellen
Paper from responsible sources
FSC® C105338

If you have any concerns about our products,
you can contact us on
ProductSafety@springernature.com

In case Publisher is established outside the EU,
the EU authorized representative is:
**Springer Nature Customer Service Center GmbH
Europaplatz 3, 69115 Heidelberg, Germany**

Printed by Libri Plureos GmbH
in Hamburg, Germany